T0192759

Technische Potenzialanalyse der Elektromobilität

Andreas Füßel

Technische Potenzialanalyse der Elektromobilität

Stand der Technik, Forschungsausblick und Projektion auf das Jahr 2025

Andreas Füßel
Berlin, Deutschland

ISBN 978-3-658-16695-3 ISBN 978-3-658-16696-0 (eBook)
DOI 10.1007/978-3-658-16696-0

Die Deutsche Nationalbibliothek verzeichnet diese Publikation in der Deutschen Nationalbibliografie; detaillierte bibliografische Daten sind im Internet über http://dnb.d-nb.de abrufbar.

Springer Vieweg

Gedruckt auf säurefreiem und chlorfrei gebleichtem Papier

Springer Vieweg ist Teil von Springer Nature
Die eingetragene Gesellschaft ist Springer Fachmedien Wiesbaden GmbH
Die Anschrift der Gesellschaft ist: Abraham-Lincoln-Str. 46, 65189 Wiesbaden, Germany

Inhaltsverzeichnis

Abkürzungsverzeichnis

A	Ampere
ABS	Anti-Blockier-System
AC	Alternating Current
AG	Aktiengesellschaft
AiT	Austrian Institute of Technology
Akku	Akkumulator
ASM	Asynchronmaschine
BEV	Battery Electric Vehicle
bspw.	beispielsweise
CAGR	Compound Annual Growth Rate
CFD	Computational Fluid Dynamics
cm	Zentimeter
Co	Kobalt
DC	Direct Current
DoD	Depth of Discharge
EBIT	Earnings Before Interest and Taxes
ESP	Elektronisches Stabilitätsprogramm
etc	et cetera
EV	Electric Vehicle
FSM	Fremderregte Synchronmaschine
FuE	Forschung und Entwicklung
GmbH	Gesellschaft mit beschränkter Haftung
grav.	gravimetrisch
h	Stunde
ICE	Internal Combustion Engine
kg	Kilogramm
KIT	Karlsruher Institut für Technologie

km/h	Kilometer pro Stunde
kW	Kilowatt
kWh	Kilowattstunde
Li	Lithium
m	Meter
min	Minute
MIV	Motorisierter Individualverkehr
n	Drehzahl
NEFZ	Neuer Europäischer Fahrzyklus
NEP	Nationaler Entwicklungsplan Elektromobiliät
Nm	Newtonmeter
NPE	Nationale Plattform Elektromobilität
PSM	Permanenterregte Synchronmaschine
s	Sekunde
S	Schwefel
s.o.	siehe oben
SoC	State of Charge
sog.	sogennant
SRM	Switched Reluctance Machine
TCO	Total Cost of Ownership
V	Volt
Vgl.	Vergleich
V_{max}	Höchstgeschwindigkeit
W	Watt
Wh	Wattstunde
WKA	Windkraftanlage
WLTP	Worldwide harmonized Light vehicles Test Procedure
z.B.	zum Beispiel
%	Prozent

Abbildungsverzeichnis

Tabellenverzeichnis

Formelverzeichnis

1 Einleitung

Um gravierende Folgen des Klimawandels zu vermeiden, soll die Erderwärmung nicht mehr als zwei Grad Celsius gegenüber dem vorindustriellen Niveau betragen. Der Weltklimarat fordert eine Reduktion der Treibhausgasemissionen von mindestens 50 Prozent gegenüber dem Niveau des Jahres 2000 [Vgl. BMUB a (2014)]. Um diesem Ausmaß der notwendigen Minderung gerecht werden zu können, müssen alle CO_2-emittierenden Sektoren dazu beitragen. Bezogen auf den Verkehrssektor hat sich die Bundesregierung daraufhin das Ziel gesetzt, die CO_2-Emissionen von PKW bis zum Jahr 2050 um 85 Prozent gegenüber 2005 zu senken [Vgl. BMUB a (2014)].

Um die zukünftigen Mobilitätsbedürfnisse uneingeschränkt erfüllen zu können, steht die Automobilindustrie vor einem bedeutenden Technologiesprung – der Elektrifizierung des Antriebsstranges. Parallel dazu steht die konventionelle Verbrennungsmotor-Technologie. Der Verbrennungsmotor wird mittel- bis langfristig den Fahrzeugmarkt weiter dominieren und bietet enorme Verbesserungspotenziale [Vgl. RWTH Aachen (2012)], um den Anforderungen an Umweltschutz und Ressourcenschutz gerecht zu werden. Doch zum Erreichen der Ziele im Jahr 2050 werden die Effizienzsteigerungen konventioneller Antriebe nicht ausreichend sein, so die Bundesregierung [Vgl. BMUB a (2014)]. Notwendiger Bestandteil zur Zielerreichung sei ein Anteil emissionsfreier Fahrleistung von zwei Drittel an der Gesamt-PKW-Fahrleistung.

1.1 Problemstellung

Die immer schärfer werdenden CO_2-Emissionsvorgaben und das steigende Umweltbewusstsein der Bevölkerung bedeutet für Ingenieure und Interessierte, sich neben der Weiterentwicklung der Verbrennungs-Technologie auch mit der Entwicklung einer praxistauglichen Elektromobilität zu beschäftigen. Geht es nach den Vorstellungen der Bundesregierung, so sollen bis zum Jahr 2020 rund eine Million Elektrofahrzeuge auf Deutschlands Straßen fahren. Dies entspricht in etwa zwei Prozent des gesamten Fahrzeugbestands. Doch die bisherigen Verkäufe widersprechen den Zielvorstellungen. Anfang 2014 waren in Deutschland nur ca. 12.000 Elektroautos angemeldet. Im Laufe des Jahres kamen weitere 8.463 Elektroautos hinzu [Vgl. ARD (2015)]. Circa die Hälfte ist jedoch auf die Hersteller selbst zugelassen. Soll das Ziel noch erreicht werden, müssten pro Jahr weitere 195.000 Elektroautos in Deutschland verkauft werden. Ein Teilaspekt des schlechten Absatzes wird dem Stand der Technik zugeschrieben. Den potenziellen Käufern sind die prägnantesten Nachteile batterieelektrischer Fahrzeuge gegenüber den vergleichbaren Verbrenner-Fahrzeugen bewusst. Geringe Reichweite, zeitaufwändiges Nachladen und hoher Preis stehen am häufigsten in der Kritik. Der Ausbau der Lade-Infrastruktur, Kaufanreize und weitere Fördermaßnahmen werden ebenfalls häufig diskutiert.

„Nur aus Vernunftgründen – [...] gute CO_2-Bilanz – werden unserer Meinung nach Elektrofahrzeuge nicht marktfähig sein" [Schaeffler (2014)].

1.2 Zielsetzung

In dieser Arbeit werden die Defizite der BEV-Technologie anhand des Stands der Fahrzeugtechnik festgehalten und eine mögliche zukünftige Entwicklung dargestellt. Aus der vorangegangenen Problemstellung ergeben sich folgende Fragen, die es im Rahmen der Arbeit zu beantworten gilt.

- Welche technischen Defizite besitzen BEVs gegenüber ICEs heute?
- Welche technischen Hintergründe verursachen die Defizite?
- Welche technischen Verbesserungen streben aktuelle Forschungs- und Entwicklungsprojekte an?
- Wie sieht ein technischer Vergleich der beiden Technologien in 10 Jahren aus? Können BEVs technisch aufholen oder ICEs gar überholen?

Um zu klären, wie die zukünftige BEV-Technologie aussehen kann, gilt es die wichtigsten technischen Kriterien zu untersuchen und eine mögliche Entwicklung kritisch zu analysieren.

1.3 Thematische Abgrenzung

Im Folgenden wird festgelegt, welche Themenkomplexe im Rahmen der Arbeit liegen.

Grundlage bildet der motorisierte Individualverkehr. Dabei werden nur PKW einer ausgewählten Fahrzeugklasse betrachtet. Es soll ein Vergleich der rein konventionell betriebenen Technologie zur rein batterieelektrisch betriebenen Fahrzeugtechnologie angefertigt werden. Hybrid- sowie Wasserstofffahrzeuge und Verbrennungsfahrzeuge auf Basis von Biokraftstoffen werden nicht betrachtet. Ebenso entfällt eine Betrachtung von Nutzfahrzeugen. Es handelt sich um eine rein technische Betrachtung. Ökologische und Ökonomische Gesichtspunkte werden weitestgehend gemieden. Ausnahme bildet die Betrachtung des Verkaufspreises, da die Untersuchung einer technischen Entwicklung nur sinnvoll ist wenn auch ein Blick auf die Anschaffungskosten geworfen wird. Für eine hinreichende ökonomische Betrachtung wäre eine Total-Cost-of-Ownership-Analyse (TCO) notwendig, die hier ausgelassen wird. Der eingehende Technologievergleich durch die Effektkriterien wird nicht anhand der Kundenbedürfnisse bewertet, sondern rein anhand der technischen Parameter gegenübergestellt. Die tatsächliche Entwicklung der jeweiligen Technologie ist neben den technischen Forschungs- und Entwicklungsaktivitäten von einer Vielzahl weiterer Einflüsse abhängig (z.B. energiepolitische, Umwelt-, Verkehrs- und steuerpolitische sowie infrastrukturelle Einflüsse) [Vgl. Bertram/Bongard (2014)]). Nur die offensichtlichsten Einflüsse finden Berücksichtigung. Um die Zukunftsanalyse zeitlich einzuschränken, wird ein Zeitabschnitt von zehn Jahren gewählt, innerhalb dessen sich die Analyse bewegt. Diese Analyse wird im Rahmen der Arbeit an Diesel-Fahrzeugen vorgenommen. Eine vergleichende Betrachtung zu Fahrzeugen mit Ottomotor wird in der kritischen Würdigung, am Ende der Arbeit, vorgenommen.

1.4 Methodik zur Erlangung der Ergebnisse

Die vorliegende Arbeit gliedert sich in vier inhaltliche Kapitel. In *Kapitel 2* werden theoretische Grundlagen erläutert, die für ein besseres Grundverständnis der Arbeit sorgen. Darin werden die Begriffe Elektromobilität, technisches Effektkriterium und technisches Bewertungskriterium erläutert. Da neben batterieelektrischen Fahrzeugen weitere Fahrzeugvarianten der Elektromobilität zugeordnet werden, erhält der Leser einen Überblick über das gesamte Spektrum der Elektromobilität. Anschließend werden die verschiedenen Antriebsvarianten aufgezeigt. Erste Stärken und Schwächen der einzelnen Konzepte werden bereits an dieser Stelle ersichtlich. Weitere Grundlagen für ein besseres Verständnis sind die Analyseverfahren der Statistik, Formeln zur Berechnung diverser Größen der Fahrperformance sowie der Neue Europäische Fahrzyklus, mit dem die Fahrzeugemissionen anhand eines einheitlichen Maßstabes miteinander verglichen werden können.

In *Kapitel 3* wird die Technologie batterieelektrischer Fahrzeuge mit der Technologie von Fahrzeugen auf Basis von Verbrennungsmotoren anhand technischer Effektkriterien verglichen. Effektkriterien sind jene, die der Kunde direkt zu spüren bekommt (z.B. Höchstgeschwindigkeit, Beschleunigungsdauer oder Reichweite). Technische Bewertungs-kriterien beschreiben den tatsächlichen Stand der Technik (z.B. Energiedichte des Akkumulators (kurz:

Akku)). Zunächst erfolgt die Auswahl der technischen Effekt- und Bewertungskriterien.

Um eine mögliche Entwicklung der Technologien abschätzen zu können, gilt es, die gegenseitigen Einflüsse der technischen Effekt- und Bewertungskriterien zu betrachten. Daher werden in *Kapitel 3.2.* die Wechselwirkungen der technischen Effekt- und Bewertungskriterien untersucht. Anschließend wird für jede Technologie ein vergleichbares Referenzfahrzeug ausgewählt, welches die jeweilige Technologie der gewählten Fahrzeugklasse repräsentieren soll. Der VW eGolf wird für die Untersuchung der BEV-Technologie und der VW Golf VII (Diesel) für die ICE-Technologie verwendet. Anhand der technischen Effektkriterien werden die Referenzfahrzeuge miteinander verglichen und am Ende anschaulich gegenübergestellt. Dabei werden Hintergründe erläutert und Gründe für die Defizite untersucht.

In *Kapitel 4* wird anfangs ein technisches Grundwissen zu den Antriebsstrang-Komponenten der BEV-Technologie vermittelt. Anschließend wird die zukünftig mögliche Entwicklung der technischen Bewertungskriterien untersucht. Dazu werden aktuelle Forschungs- und Entwicklungsprojekte verschiedenster Institutionen identifiziert und auf ihre Ziele analysiert. Diese Informationen dienen als Grundlage für die Modellierung der zukünftigen Effektkriterien der BEV-Fahrzeuge.

Kapitel 5 befasst sich parallel mit der Entwicklung der ICE- sowie der BEV-Technologie. Um die zukünftige BEV- mit der ICE-Technologie vergleichen zu können, gilt es, auch das Entwicklungspotenzial der ICE-Fahrzeuge zu untersuchen. Mit Hilfe von Zeitreihen-analysen vergangener Fahrzeug-Modelle und zukünftig zu erwartenden externen Einflüssen wird eine mögliche Trendentwicklung der ICE-Technologie prognostiziert bzw. projiziert. Parallel dazu wird eine mögliche Entwicklung der Effektkriterien der BEV-Technologie modelliert. Dazu werden die Ergebnisse aus *Kapitel 4* zu Hilfe genommen. Da die Fahrzeuggestaltung von zahlreichen Einflussfaktoren abhängig ist und ein Fahrzeug sehr verschieden ausgelegt werden kann – bspw. auf hohe Leistung oder geringen Preis – werden zwei möglichst verschiedene Modellvarianten erstellt. Somit soll ein Gestaltungs-Bereich abgedeckt werden, in dem sich das zukünftige BEV-Fahrzeug bewegen kann. Am Ende von *Kapitel 4* werden die Entwicklungspotenziale grafisch gegenüber gestellt. Abbildung 1 visualisiert den Hauptteil der Arbeit.

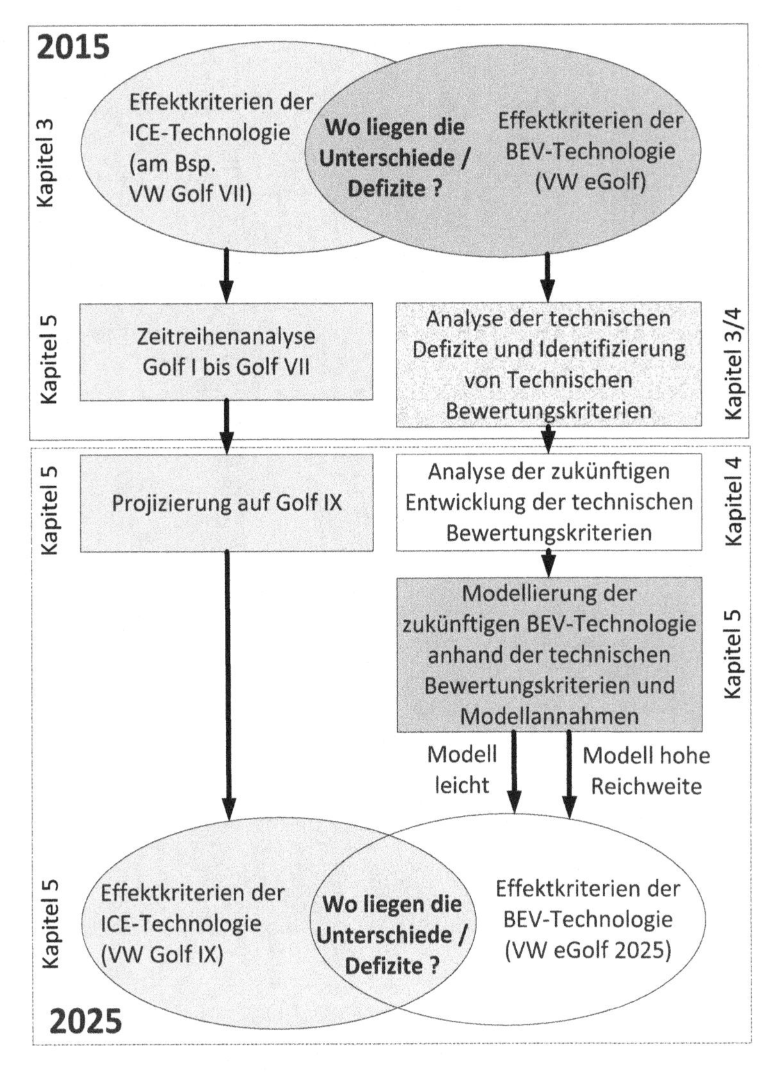

Abbildung 1: Methodik zur Erlangung der Ergebnisse, eigene Darstellung

2 Theoretische Grundlagen

In diesem Kapitel werden theoretische Grundlagen erläutert, die für ein besseres Verständnis der Inhalte der Arbeit notwendig sind. Es folgen Erläuterungen zur Elektromobilität allgemein und die Beantwortung verschiedener Fragestellungen: Was ist die Elektromobilität und wozu dient sie? Wie werden batterieelektrische Fahrzeuge eingeordnet? Welche Vorteile besitzen BEVs gegenüber ICE-Fahrzeugen? Anschließend werden die Begriffe Effektkriterium und technisches Kriterium definiert. Da in der Arbeit statistische Prognosen und Projektionen zur jeweiligen Antriebstechnologie erstellt werden, werden in *Kapitel 2.4. Prognoseverfahren der Statistik* erläutert.

In *Kapitel 2.5.* werden Formeln zur Berechnung diverser Parameter der Fahrperformance wie Antriebsleistung oder Beschleunigungsdauer dargelegt. Der neue europäische Fahrzyklus (NEFZ) ist ein Prüfverfahren zur Ermittlung der CO_2-Emissionen und des Verbrauchs von Fahrzeugen welches in *Kapitel 2.6.* erklärt wird.

In diesem Kapitel werden allgemeine Grundlagen dargelegt. Detailliertes Fachwissen zu diversen Technologien findet sich themenbezogen in den jeweiligen Kapiteln wieder. So werden beispielsweise dem *Kapitel 4.1.3. Forschung und Entwicklung zur Verbesserung der Lithium-Ionen-Technologie* die technischen Grundlagen der Akku-Technologie direkt voran gestellt (*Kapitel 4.1.1.*).

2.1 Elektromobilität Allgemein

Die Elektromobilität ist ein vielfältiger Begriff und umfasst die Nutzung der unterschiedlichsten Verkehrsmittel zur Erfüllung individueller Mobilitätsbedürfnisse. Elektrisch angetriebene Verkehrsmittel lassen sich hierbei nach Verkehrsart und Verkehrsträger unterscheiden (siehe Tabelle 1). Entgegen dieser großen Breite an Einsatzmöglichkeiten wird der Begriff Elektromobilität heutzutage hauptsächlich im Kontext des motorisierten Individualverkehrs verwendet. Auch die Nationale Plattform Elektromobilität (NPE) der Bundesregierung begrenzt den Begriff auf den Straßenverkehr [Vgl. NPE (2015)].

Tabelle 1: Unterscheidung der Elektromobilitätsvarianten mit Beispielen, eigene Darstellung nach Bertram/Bongard (2014), S. 9

		Verkehrsträger			
		Straße	**Schiene**	**Luft**	**Wasser**
Verkehrsart	**Personenverkehr**	***Elektrofahrzeug*** Hybridfahrzeug Elektromotorrad Elektroroller Pedelec E-Bike	Elektrolokomotive Straßenbahn S-Bahn U-Bahn	Elektroflugzeug Solarflugzeug	Elektroboot Jet-Ski
	Güterverkehr	Elektro-LKW Elektrotransporter Elektroflurfördermittel	Elektrolokomotive Flurfördermittel	Elektroflugzeug	

Welche Fahrzeuge im motorisierten Individualverkehr (MIV) als Elektroauto zu verstehen sind, ist nicht einheitlich festgelegt. Im Allgemeinen umfassen Elektroautos Hybrid-fahrzeuge (HEV), Plugin-Hybridfahrzeuge (PHEV), Elektrofahrzeuge mit Range-Extender (REEV) und Batterieelektrische Fahrzeuge (BEV). Elektromobilität im Sinne der Bundesregierung umfasst all jene Fahrzeuge, die von einem Elektromotor angetrieben werden und ihre Energie überwiegend aus dem Stromnetz beziehen, also extern aufladbar sind. Neben rein batterieelektrischen Konzepten können Brennstoffzellen-Fahrzeuge (FCEV) einen großen Beitrag zur Erreichung der Klimaschutzziele im Verkehrsbereich leisten. Wasserstoff bietet eine hocheffiziente und emissionsfreie Bereitstellung von Nutzenergie unter der Verwendung in Brennstoffzellen. Der erzeugte Strom der Brennstoffzellen wird in einem Akku gespeichert, von dem aus die elektrische Energie für den Elektromotor bezogen wird. FCEV Fahrzeuge können daher den Elektrofahrzeugen zugerechnet werden. Tabelle 2 fasst alle Antriebsstrangvarianten des MIV zusammen.

In dieser Arbeit liegt der Fokus auf der BEV-Technologie.

Tabelle 2: Antriebsstrangvarianten des MIV, eigene Darstellung

Erläuterungen	Antriebs-strang	Energieart	
Internal Combustion Engine - Ottomotor	ICE Otto-motor	Kraftstoffe auf Basis Kohlen-wasserstoffe (Diesel, Benzin, Biokraft-stoffe)	**Konventi-onelle Fahrzeuge**
Internal Combustion Engine - Dieselmotor	ICE Diesel-motor		
Hybrid Electric Vehicle - Start-Stop-Funkt., evtl. Rekuperation	HEV Micro	Kraftstoffe auf Kohlenwasser-stoff-Basis und/oder Strom aus dem Strom-netz	**Hybrid-fahrzeuge**
Hybrid Electric Vehicle - Rekuperation, kleiner Elektromotor, kleiner Akku	HEV Mild hybrid		
Hybrid Electric Vehicle - größerer E-Motor, größerer Akku, rein elektrisches Fahren möglich	HEV Full Hybrid		
Plug-in Hybrid Electric Vehicle - relativ großer Verbr.motor, externes Aufladen des Akkus möglich	PHEV		
Range Extended Electric Vehicle - kleiner Verbrennungsmotor zum Laden des Akkus, externes Aufladen des Akkus möglich	REEV		
Battery Electric Vehicle - nur E-Motor, kein Verbrennungsmotor, externes Aufladen möglich	BEV	Strom aus dem Stromnetz und/oder Was-serstoff	**Elektro-fahrzeuge**
Plugin-Hybrid Electric Vehicle Range Extender - kleines BSZ-Stack, externes Aufladen möglich	PHEV-RE		
Fuel Cell Electric Vehicle -Brennstoffzelle wandelt Wasserstoff in Strom, kein externes Aufladen möglich	FCEV		

Unterschiede der BEV- zur ICE-Technologie

Der Antriebsstrang eines ICE-Fahrzeugs umfasst im Allgemeinen einen Verbrennungs-motor (Otto- oder Dieselmotor), ein Schwungrad, die Kupplung mit dem Fahrzeuggetriebe, das Differential, die Antriebswellen oder Steckachsen sowie die Räder. Darüber hinaus sind prinzipbedingt eine Abgasanlage sowie zusätzliches Equipment wie Öl- und Kraftstoffpumpe, Luftfilter für einen Betrieb notwendig [Vgl. VREI (2015)].

Der gesamte Antriebsstrang von BEVs reduziert sich stark, da auf Abgasanlage und zahlreiches Zusatzequipment verzichtet wird. Darüber hinaus besteht das Potenzial Getriebe, Differenzial und Antriebswellen einzusparen (siehe *Kapitel 4.2.4.*). Abbildung 2 fasst die Komponenten des Antriebsstranges sowie das für einen Betrieb notwendige zusätzliche Equipment der beiden Technologien zusammen. *Tabelle 3* zeigt ergänzend einen Blick auf die Komponenten eines BEV am Beispiel des *VW e-up!*.

Tabelle 3: Vergleich der Antriebsstrang und zusätzlicher Komponenten der ICE- und BEV-Technologie, eigene Darstellung nach VREI (2015), Tschöke (2015)

	Antriebbstrang	Abgasanlage	Zusätzliches (Auswahl)
ICE - Technologie	- Verbrennungsmotor (Diesel- oder Ottomotor) - Schwungrad - Kupplung mit Getriebe - Differenzial - Antriebswellen - Räder	- Abgastemperatursensoren - Befestigungstechnik - Diesel-Partikelfilter (nur bei Dieselmotoren) - Katalysator - Lambdasonde - Schalldämpfer - verbindende Rohre	- Luft-Filter - Kraftstoff-Filter - Generator - Ölpumpe - Kühlung - Motorsteuerung - Kraftstoffpumpe - Autobatterie
BEV - Technologie	- Elektromotor (1) - Akkumulator (2) - Leistungselektronik (3) *- Getriebe (4)* *- Differenzial (4)* *- Antriebswellen(4)* - Räder (5)	---	- Kühlung - Batteriemanagement-system (BMS) - On-Board-Charger - Hochvoltkabel

Abbildung 2: Blick auf die Komponenten des Antriebsstranges eines VW e-up!, Zahlen eigens ergänzt, Quelle: VW e-up (2015)

2.2 Effektkriterien von PKW

Effektkriterien sind Bewertungskriterien, die der Kunde bei der Fahrzeug-Nutzung direkt zu spüren bekommt, wie bspw. Beschleunigungsdauer, Kofferraumvolumen oder Reichweite. Es handelt sich dabei entweder um vom Hersteller angegebene Werte (z.B. Beschleunigungsdauer), von extern getestete Werte (z.B. Innengeräusch) oder selbst ermittelte Werte (z.B. Sicherheit). Das Auswahlverfahren der Effektkriterien für diese Arbeit wird in *Kapitel 3.1 Auswahl der technischen Bewertungskriterien und Effektkriterien* erläutert.

2.3 Technische Bewertungskriterien der Elektromobilität

Technische Kriterien stellen die technischen Grundparameter der BEV-Komponenten dar. Anhand dieser Kriterien kann der Stand der Technik und die zukünftige Entwicklung diverser Komponenten wie Elektromotor, Akkumulator oder Antriebsstrang allgemein bewertet werden. Technische Bewertungskriterien sind zum Beispiel die gravimetrische Energiedichte von Energiespeichern (Angabe in Wh/kg), die Leistungsdichte von Elektromotoren (in kW/kg) oder die Lebensdauer des Akkus (in n Zyklen). Das Auswahl-verfahren der technischen Kriterien für diese Arbeit wird in *Kapitel 3.1 Auswahl der technischen Bewertungskriterien und Effektkriterien* erläutert.

2.4 Analysemethoden der Statistik

Korrelations- und Regressionsanalyse sind statistische Methoden zur Ermittlung der Abhängigkeit zwischen den Merkmalen X und Y zu untersuchen. Sie gehören zu den multivariaten Analysemethoden. Die Korrelations- und Regressionsanalyse gibt Auskunft über Art und Grad ihres Zusammenhangs. Im Folgenden werden die Analysemethoden nach Bortz beschrieben [Bortz (2005), S. 181 ff.].

Regressionsanalyse
Aufgabe der Zeitreihenanalyse (Regressionsanalyse) ist es, die Zeitreihe auf Gesetzmäßigkeiten zu untersuchen und diese in Form einer Gleichung festzuhalten. Die Gleichung kann dazu verwendet werden, Aussagen über künftige Entwicklungen der Variablen Y zu geben. Bei der Ermittlung von Zukunftswerten wird zwischen Prognose, Vorhersage und Projektion unterschieden. Die Prognose ist eine möglichst exakte Vorherbestimmung von Werten auf der Grundlage eines Modells bzw. wissenschaftlichen Verfahrens. Wogegen die Vorhersage lediglich eine subjektive Vorstellung in nicht offengelegter Form darstellt. Eine Projektion ist eine Mischform aus beidem. Einer Zeitreihenanalyse gehen Zeitstabilitätshypothesen voraus. Es werden Vergangenheitswerte auf die Zukunft übertragen unter der Annahme, dass die Struktur der Daten konstant bleibt. Je kürzer die Prognose in die Zukunft reicht, desto stabiler sind die Werte. Ein Prognosezeitraum auf die nächsten zehn Jahre beispielsweise, gilt als langfristige Prognose und ist mit höherer Unsicherheit behaftet.

Mittels mathematischer Verfahren wird eine Funktion ermittelt, die in ihrer Ausprägung möglichst nah an den Datenpunkten entlang verläuft. Diese Funktion basiert auf der Methode der kleinsten Quadrate. Sie stellt ein mathematisches Standardverfahren zur Bildung einer Ausgleichslinie dar, um ein gutes Modell zur Annäherung an bestehende Daten zu erzeugen und sich somit auch für noch unbekannte Wertebereiche als Grundlage einer Prognose verwenden lässt. Dabei betrachtet die lineare Regression nur lineare Funktionen. In bestimmten Fällen kann der Zusammenhang durch nichtlineare Regression besser beschrieben werden. Dabei handelt es sich um logarithmische, exponentielle, kubische oder parabolische Funktionen sowie Funktionen gleitenden Durchschnitts.

Softwareprogramme wie Minitab oder Microsoft Excel können die gesuchten Regressionsgleichungen ermitteln und in einem Diagramm visualisieren.

Korrelationsanalyse
Die Korrelationsanalyse ergibt den Korrelationskoeffizienten r, mit dessen Hilfe die Enge des Zusammenhangs charakterisiert wird. Dieser nimmt Werte zwischen -1 und +1 an. +1 bedeutet einen linearen gleichsinnigen und -1 einen linear gegenläufigen Zusammenhang, wobei 0 kein Zusammenhang bedeutet.

Das Bestimmtheitsmaß R
Zur Beurteilung der Regressionskurve ist neben dem Korrelationskoeffizienten das Bestimmtheitsmaß R ein probates Hilfsmittel. Es ermittelt sich aus den (Mess-)Werten, deren Mittelwert und den aus der Regressionsgleichung geschätzten Werten. Zur genauen Berechnung des Bestimmtheitsmaßes sei auf Bortz (2005), S. 41 verwiesen. Das Bestimmtheitsmaß stellt den prozentualen Anteil der Streuung der einen Variablen, die durch die andere Variable erklärt werden kann, dar. Es liegt zwischen 0 und 1, wobei 0: kein linearer Zusammenhang und 1: perfekt linearer Zusammenhang bedeutet. Im letzten Fall würden alle Datenpunkte auf der Regressionslinie liegen. Bei einem Bestimmtheits-maß von 0,9 können 90 % der Y-Werte mit Hilfe der X-Werte erklärt werden. 10 % bleiben unerklärt, d.h. hier könnte nach weiteren Einflussfaktoren gesucht werden. Ein hohes Bestimmtheitsmaß allein erlaubt jedoch keine genauere Vorhersage zukünftiger Werte für die abhängige Variable auf der Y-Achse.

2.5 Formeln zur Berechnung diverser Größen der Fahrperformance

Die Antriebsleistung bewirkt die Beibehaltung einer bestimmten Geschwindigkeit (v) und die Erreichung der Höchstgeschwindigkeit (v_{max}) eines Fahrzeugs. Sie errechnet sich aus dem Produkt der Antriebskraft und der Geschwindigkeit. Die Antriebskraft errechnet sich aus der Summe von Luft- (F_{Luft}), Roll- (F_{Roll}), Steig- (F_{Steig}) und Beschleunigungs-Widerstand (F_B). Gemäß Braess/Seiffert (2013) lässt sich die Antriebsleistung nach folgender Formel berechnen:

$$P_{Antrieb} = F_{Antrieb} \cdot v = F_{Luft} \cdot v + F_{Roll} \cdot v + F_{Steig} \cdot v + F_B \cdot v$$

Formel 1: Antriebsleistung

Für Berechnungsdetails aller Größen sei auf Braess/Seiffert (2013) verwiesen.

2.6 Neuer Europäischer Fahrzyklus (NEFZ)

> *"Seit Anfang der 1990er-Jahre werden mit der Einführung der einheitlichen europäischen Abgasvorschriften die Fahrzeugemissionen auf Basis eines einheitlichen Fahrzyklus (neuer Europäischer Fahrzyklus, NEFZ) in Europa bestimmt. Dieser wurde von der EU-Kommission entwickelt, um Verbrauchern und Politik in Europa einen einheitlichen Maßstab zu liefern. Neben der Bestimmung der klassischen Schadstoffemissionen dient der Fahrzyklus auch der Bestimmung der CO2-Emissionen und des Kraftstoffverbrauchs. Der NEFZ hat sich über viele Jahre als einheitliche, verbindliche Basis für den Vergleich verschiedener Fahrzeuge oder Modellgenerationen bewährt"* [VDA (2015)].

Zur Ermittlung der Reichweite zukünftiger BEVs werden in der Arbeit Simulationen auf Basis des NEFZ durchgeführt. Der NEFZ teilt sich ein zwei Phasen. Die erste Phase repräsentiert den innerstädtischen Fahrbetrieb, bei dem das Fahrzeug ohne vorgewärmten Motor gestartet und anschließend über 800 Sekunden in vier gleichen Stop-and-Go-Zyklen bei einer Maximalgeschwindig-keit von 50 km/h gefahren wird. Die zweite Phase repräsentiert den außerstädtischen Fahrbetrieb bei dem das Fahrzeug über ca. 400 Sekunden bei verschiedenen Geschwindigkeiten bis maximal 120 km/h gefahren wird [Vgl. ADAC a (2014)]. Die pro Phase gemessenen gesamten CO_2-Emissionen werden durch die Strecke dividiert und ergeben die CO_2-Emissionen in g/km. Die Simulation ist im Anhang 7.3. (CD Datenträger) ersichtlich.

3 Vergleich der aktuellen BEV- und ICE-Technologie

3.1 Auswahl der technischen Effekt- und Bewertungskriterien

Die Auswahl der Effektkriterien erfolgt im Expertengespräch und unter Verwendung diverser Literatur. Dabei werden zunächst all diejenigen Kriterien betrachtet, die vom Hersteller angegeben werden und die im Kontext der Elektromobilität eine Rolle spielen. Dazu zählen Reichweite, Höchstgeschwindigkeit, Beschleunigung, maximal zulässige Zuladung, Kofferraumvolumen und CO_2-Emissionen im Betrieb (Tank-to-Wheel). Darüber hinaus wird der Verkaufspreis in die Potenzialanalyse einbezogen, da dieser entscheidend zum Erfolg der Elektromobilität beiträgt. Außerdem ist eine rein technische Betrachtung einer technischen Entwicklung ohne einen Ausblick auf die Wirtschaftlichkeit zu geben nicht zweckmäßig.

Um die Entwicklung batterieelektrischer Fahrzeuge ganzheitlich darstellen zu können, ist eine Beschränkung auf die bisher genannten Effektkriterien nicht hinreichend. Deshalb werden weitere Effektkriterien identifiziert, die sich in ihrer Ausprägung von denen vergleichbarer Verbrenner-Fahrzeuge unterscheidet. Im Kontext der Elektrifizierung des Antriebsstranges fallen manche Fahrzeug- und Betriebseigenschaften sogar technisch zurück, die bisher als sicher und selbstverständlich galten. Der Einfluss der Umgebungstemperaturen war bei der Verbrenner-Technologie noch kein besonders beachtetes Thema, da kein spürbarer Unterschied zwischen Fahrten im Sommer und (mitteleuropäischen) Winter auftrat. Die Reichweite bei Elektroautos kann im Winter jedoch erheblich eingeschränkt werden. Für das Volltanken eines Verbrenner-Fahrzeuges werden nur wenige Minuten benötigt. Diese Vorzüge können mit Elektroautos aktuell nicht genutzt werden, da die Ladedauer je nach vorhandener Ladestation und -equipment bis zu mehreren Stunden andauern kann. Da sich die Fahrzeugkomponenten der beiden Antriebsstränge unterscheiden, werden Lebensdauer, Sicherheit und Innengeräusch in die Potenzialanalyse einbezogen. Das Kriterium Verbrauch wird nicht separat aufgenommen, denn die Einheiten kWh und Liter Benzin oder Diesel pro 100 km lassen sich für den Kunden schlecht vergleichen. 1 Liter Diesel entsprechen 9,9 kWh Energie [Vgl. Aral (2015)]. 1 Liter Super entsprechen 8,6 kWh Energie. Abbildung 3 fasst die ausgewählten Effektkriterien zusammen.

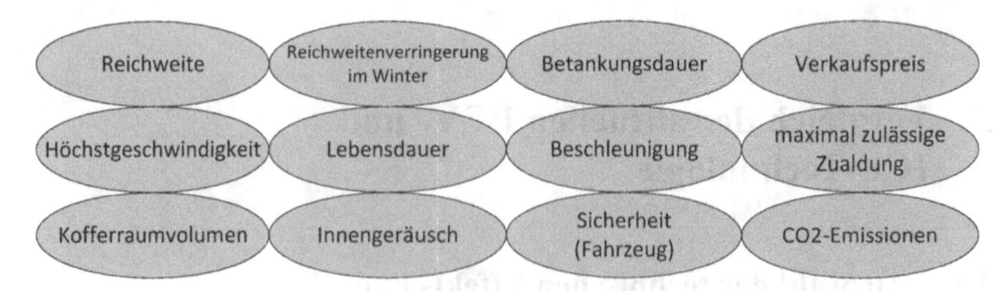

Abbildung 3: Effektkriterien, eigene Darstellung

Im folgenden Kapitel *(Kapitel 3.2.)* werden die Wechselwirkungen zwischen Effekt- und technischen Kriterien untersucht. Diese geben Aufschluss darüber, welche technischen Kriterien maßgeblich an der Ausprägung der Effektkriterien beteiligt sind. Im Laufe der Recherche nach aktuellen Forschungs- und Entwicklungsaktivitäten wurden die wichtigsten technischen Kriterien identifiziert, bei denen Verbesserungspotenzial in den nächsten zehn Jahren besteht. *Abbildung 4* fasst die ausgewählten technischen Kriterien zusammen.

gravimetrische Energiedichte Akku	volumetrische Energiedichte Akku	Lebensdauer Akku
Ladedauer Akku	Kosten Akku	Leistungsdichte Akku
Sicherheit Akku	Innenwiderstand Akku	
Peripheriesysteme Fahrzeug	Leergewicht Fahrzeug	Wirkungsgrad Antriebsstrang

Abbildung 4: Technische Kriterien, eigene Darstellung

3.2 Wechselwirkungen zwischen den technischen Effekt- und Bewertungskriterien

Damit das Entwicklungspotenzial der Effektkriterien untersucht werden kann, muss zunächst herausgearbeitet werden von welchen technischen Kriterien die Entwicklung abhängig ist und in welcher Abhängigkeit sie zu anderen Effektkriterien stehen. Abbildung 5 auf Seite 17 veranschaulicht die Wechselwirkungen der Effekt- und technischen Bewertungskriterien der BEV- sowie ICE-Technologie ohne Anspruch auf Vollständigkeit. Um die Anzahl der Wirkungspfeile zu reduzieren wurden Zwischenkriterien eingefügt. Diese Zwischenkriterien fließen in die Arbeit ein, werden aber nicht in separaten Kapiteln betrachtet.

Die technischen Kriterien der verschiedenen Komponenten haben vielfältige Auswirkungen auf die Effektkriterien. Im Rahmen dieser Arbeit werden nicht alle Wechselwirkungen erläutert. Um eine Vorstellung von den Abhängigkeiten zu bekommen wird ein Beispiel erläutert. Anstrengungen in Forschung und Entwicklung zur Verbesserung des Antriebsstrang-Wirkungsgrades können den Energieverbrauch des Fahrzeuges senken. Ein geringerer Energieverbrauch erhöht u.a. die Reichweite. Gleichzeitig ist Forschung kostenintensiv und erhöht damit den Verkaufspreis.

Da im Rahmen dieser Arbeit nicht jeder Einfluss auf die Effektkriterien untersucht werden kann, werden nur die stärksten Einflüsse veranschaulicht. Diese werden auf Basis von Expertengesprächen und diverser Fachliteratur (Braess/Seiffert (2013), Haken (2013), Tschöke (2015)) ermittelt. Für eine allumfassende technische Potenzialanalyse gilt es, alle Einflüsse der technischen Kriterien zu untersuchen.

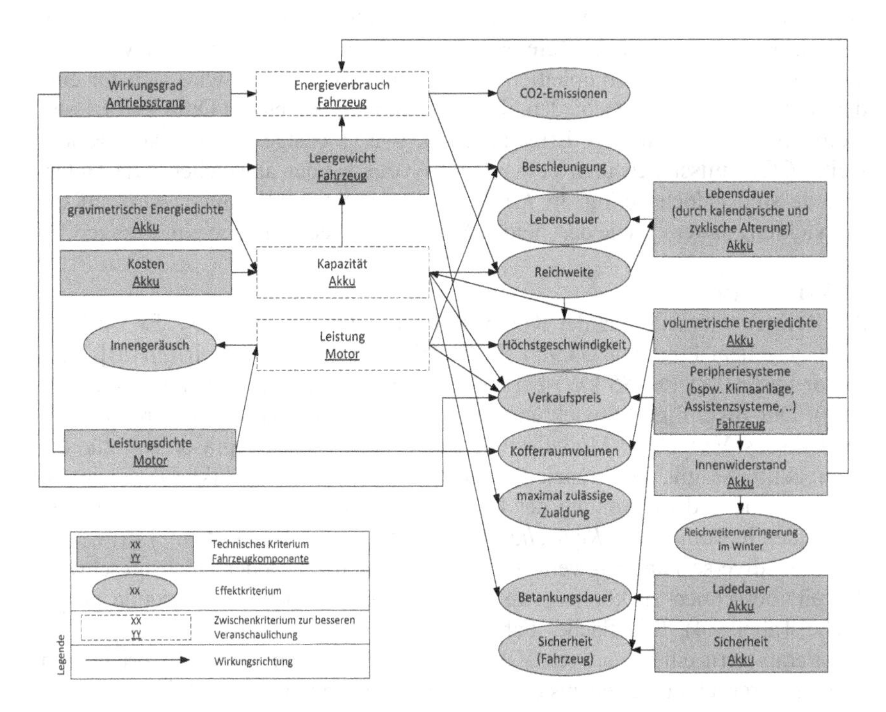

Abbildung 5: Wechselwirkungen zwischen den technischen Effekt- und Bewertungskriterien (beide Technologien), eigene Darstellung

3.3 Referenzfahrzeuge

Im Rahmen des Technologievergleichs sind zunächst einige Rahmenbedingungen festzulegen. Damit die BEV- mit der ICE-Technologie verglichen werden können, wird jeweils ein Referenzfahrzeug der gleichen Fahrzeugklasse ausgewählt. Im Folgenden liegt der Fokus auf vergleichbaren Personenkraftwagen der Kompaktklasse.

ICE-Fahrzeug
Als Referenzfahrzeug aus der Kompaktklasse dient der Diesel betriebene *VW Golf (VII) 1,6 TDI BlueMotion Trendline DPF*. Seine Baureihe ging ab 2012 in Produktion. Damit ist der Golf VII das zum Zeitpunkt der Erstellung dieser Arbeit aktuelle Golf-Modell. Sein Motor verfügt über 110 PS (81 kW) und einem maximalen Drehmoment von 250 Nm [Vgl. ADAC (2013)]. Derzeit wird er in Deutschland für 22.175 EUR verkauft. Für das Modelljahr 2016 beträgt der Preis bereits 22.900 EUR [Vgl. VW Golf (2015)]. Weitere Merkmale sind dem Technologievergleich in Tabelle 4 auf Seite 19 zu entnehmen. Parallel wäre es sinnvoll ein Benzin betriebenes Referenzfahrzeug heranzuziehen, um den Vergleich auf ICE-Fahrzeuge zu komplettieren. Im Rahmen der Arbeit wird sich für eine der beiden Varianten entschieden, da zwischen Fahrzeugen mit Otto- und Dieselmotor in der Regel wenige Effektkriterien, wie Höchstgeschwindigkeit, Reichweite, CO_2-Emissionen und Verkaufspreis voneinander abweichen. Die Unterschiede sind jedoch gering. In *Kapitel 5.4.*, auf Seite 118 unten, wird auf die Entwicklungsunterschiede der beiden Verbrenner-Technologien eingegangen.

BEV-Fahrzeug
Als Referenzfahrzeug aus der Kompaktklasse dient der *VW eGolf*. Er wird seit 2014 zu einem Preis von 34.900 EUR verkauft [Vgl. VW eGolf (2015)]. Sein Motor leistet 115 PS (85 kW) bei einem Drehmoment von 270 Nm (Dauerleistung). Die zukünftige Entwicklung batterieelektrischer Fahrzeuge wird am Beispiel dieses VW eGolf-Modells untersucht, welches als repräsentativ für die Kompaktklasse gilt. Differenzierungen innerhalb der Kompaktklasse sowie die Unterschiede und Einordnung der Ergebnisse gegenüber anderen Fahrzeugklassen finden in *Kapitel 5.5. Kritische Würdigung der Ergebnisse* statt.

Um diverse Fahrzeugwerte (wie bspw. Reichweite oder Höchstgeschwindigkeit) berechnen zu können, werden technische Annahmen zugrunde gelegt (siehe Tabelle 4). Stirnfläche, Fahrzeugmasse und Wirkungsgrad entsprechen den Parametern eines heutigen VW eGolf. Alle anderen Parameter orientieren sich an Durchschnittwerten aus der Praxis [Vgl. Schramm et al (2013)].

Tabelle 4: Parameter des Referenzfahrzeuges (Kompaktklasse – VW eGolf), eigene Darstellung nach Schramm et al. (2013)

Dichte von Luft (bei 20 °C)	ρ_{Luft}	=	1,2	kg/m³
Luftwiderstandsbeiwert	c_W	=	0,31	
Stirnfläche des PKW	A	=	2,19	m2
Fahrzeugmasse	$m_{Fahrzeug}$	=	1.520	kg
Masse der Zuladung	$m_{Zuladung}$	=	80	kg
Gravitationskraft	g	=	9,81	m/s²
Rollwiderstand	f_{Roll} (Asphalt)	=	0,014	
Wirkungsgrad von Motor (PSM) zu Rad mit Differenzial und Übersetzungsgetriebe (siehe Kapitel 4.2.4.)	η (2015)	=	0,83	

3.4 Stand der Technik: Vergleich der Effektkriterien aktueller Technologie

Ziel dieses Kapitels ist es, den Stand der Technik der BEV- und ICE-Technologie gegenüberzustellen und Defizite zu identifizieren. Dazu werden die in *Kapitel 2.2.* beschriebenen Effektkriterien vom Hersteller und Test-Instituten gesammelt und auf ihre technischen Hintergründe untersucht. Parallel wird erläutert, inwiefern das jeweilige Effektkriterium beeinflusst wird und an welchen Stellen Verbesserungen vorzunehmen sind, um das technische Defizit auszugleichen. In *Kapitel 3.5.* werden die jeweiligen Parameter zusammengestellt und grafisch hervorgehoben. *Kapitel 3.6.* fasst die Erkenntnisse zusammen, die als Grundlage zur weiteren Vorgehensweise in *Kapitel 4* dienen.

Im Folgenden werden die einzelnen Effektkriterien von ICEs und BEVs erläutert.

Reichweite

Die Reichweite eines Fahrzeuges ist von zahlreichen Faktoren abhängig (siehe *Abbildung 5* auf Seite 17). Die Haupteinflüsse bilden der Verbrauch und die verbaute Akku-Kapazität. Der Verbrauch ist zunächst maßgeblich von der Entwicklung des Fahrzeuges – wie Leergewicht und Stirnfläche des Autos sowie Wirkungsgrad des Antriebsstranges – abhängig. Des Weiteren beeinflusst der Fahrstil und Komfortfunktionen - wie Heizung, Klimaanlage, Licht - die Reichweite. Auch ungünstige Umweltbedingungen – wie Luftdichte, Luft- und Rollwiderstand – müssen durch Antriebsenergie überwunden werden. Die Akku-Kapazität ist ebenfalls Teil der Fahrzeug-Entwicklung und ist von Masse, Bauvolumen und Preis des Akkus sowie den Performance-Ansprüchen abhängig.

VW gibt eine Reichweite von 130 bis 190 km an [Vgl. VW eGolf b (2015)]. Bei einer Akku-Kapazität von 24,2 kWh entspricht das einem Verbrauch von durchschnittlich 12,7 bis 18,6 kWh. Spar-Fahrmodi, wie bspw. Eco, Eco+ beim VW eGolf sowie einstellbare Rekuperationsstufen helfen dabei, die maximalen Reichweiten herauszufahren. Während des Bremsvorgangs kann die mechanische Energie durch Rekuperation in Strom gewandelt werden. Bei der Rekuperation wird der Elektromotor im Generatorbetrieb gefahren und läd den Akku. In den jeweiligen Eco-Modi wird die Leistung und das Drehmoment begrenzt, im Eco+ Modus sogar die Höchstgeschwindigkeit. Um eine möglichst lange Lebensdauer zu erreichen, wird angeraten, den Akkumulator nie vollständig zu be- bzw. entladen. Stattdessen sollten Li-Ionen Akkus in einem Ladezustand zwischen 30 und 80 % betrieben werden, was die tatsächliche Reichweite um 50% einschränkt. Für den Fahrzeugvergleich wird der Mittelwert der Reichweite von 160 km verwendet. Das entspricht einem durchschnittlichen Verbrauch von 15,1 kWh. Eine eigene Simulation nach dem Neuen Europäischen Fahrzyklus (NEFZ) (siehe *Kapitel 2.6. Neuer Europäischer Fahrzyklus*) unter Verwendung der Parameter des Referenz-Fahrzeuges (siehe *Kapitel 3.3. Referenzfahrzeuge*) bestätigt die Reichweite. Diese Vergleichsrechnung gilt als Prämisse, um weitere Reichweiten-Berechnungen für das Jahr 2025 vornehmen zu können (*Kapitel 5.3.1. Reichweite*).

Die Reichweiten pro Tankvorgang befinden sich bisher weit unter dem Niveau konventioneller Vergleichsfahrzeuge. Ein VW Golf VII kann laut Herstellerangaben mit einer Tankfüllung bis zu 1.315 km weit fahren – Tendenz steigend. Die mangelnde Reichweite gilt in der Branche als eine der Kern-Herausforderungen auf dem Weg zur Elektrifizierung des Antriebsstranges.

Reichweitenreduzierung im Winter

Für konventionelle Fahrzeuge erhöht sich zur kalten Jahreszeit in der Regel der Verbrauch. Das liegt zum einen daran, dass der Motor länger braucht um seine optimale Betriebstemperatur von 90°C zu erreichen. Außerdem führt die Verwendung von Winterreifen zu einem erhöhten Widerstand aufgrund ihres weichen Gummiprofils. Die Klimatisierung des Fahrzeuginnenraumes führt zu weiteren Verbrauchssteigerungen – und damit Reichweitenverlusten. Im Schnitt ergibt sich ein Mehrverbrauch von bis zu 10 % im Winter [Vgl. Spritbremse (2015)].

Für BEVs ergeben sich bei niedrigen Temperaturen ebenfalls technologiebedingte Reichweitenverluste, da der Innenwiderstand des Akkus mit sinkender Temperatur steigt. Der Kapazitätsverlust eines Li-Ionen-Akkus beträgt bis zu 50 %. Hintergründe werden in *Kapitel 4.1.3.* auf Seite 53 erläutert. Im Sommer fallen die Reichweitenverluste – z. B. durch die Benutzung der Klimaanlage - geringer aus. In dieser Arbeit werden nur die Verluste im Winter betrachtet.

Betankungsdauer

Die Dauer für eine vollständige Aufladung des Li-Ionen-Akkus eines eGolf beträgt nach Angaben von VW 780 Minuten bei einphasiger AC-Ladung per Schuko-Stecker. Per Wallbox ist die Ladeleistung höher, wodurch der Akku innerhalb von 480 Minuten vollständig geladen werden kann [Vgl. emobility.volkswagen.de (2015)]. Per öffentlicher DC-Schnellladestation kann der Akku innerhalb von 30 Minuten auf 80 % State of Charge (SoC) geladen werden. Der State of Charge ist der Ladezustand, bezogen auf die verfügbare Kapazität. 80 % SoC eines 24,2 kWh Akkus entsprechen 19,36 kWh Restkapazität. Für eine vollständige Ladung des Akkus wird eine Dauer von 60 Minuten angenommen. Die Werte stellen lediglich Richtwerte dar und können in der Praxis stark abweichen. Hintergründe zur Ladedauer und den gewählten Werten können in *Kapitel 4.1.3.* auf Seite nachgelesen werden. Die hohe Ladedauer gilt neben dem hohen Verkaufspreis als kritischer Faktor im Verkaufserfolg batterieelektrischer Fahrzeuge.

Die Betankungsdauer von Verbrennungsfahrzeugen stellte für den Kunden noch nie ein nennenswertes Problem dar und bedarf daher keiner ausführlichen Betrachtung. Heutige Zapfsäulen füllen einen leeren PKW-Benzintank mit 50 Liter Volumen in weniger als zwei Minuten bei einer Durchflussmenge von ca. 35 l/min [Vgl. Poel-Tec (2015)]. Der Zeitaufwand zum Aufsuchen einer Tankstelle inklusive Rückkehr hält sich aufgrund des stark ausgebauten Tankstellennetzes in den meisten Industrienationen ebenfalls in Grenzen. Der Besitzer muss zudem bei einer Reichweite von bis zu 1.315 km pro Tankfüllung nur selten nachtanken.

Verkaufspreis

Der Verkaufspreis eines eGolf fällt um 57 % höher aus als sein konventionelles Pendant. Damit ist offensichtlich, dass die aktuellen Kosten eines Elektroautos eine entscheidende Markteintrittsbarriere in der Entwicklung der Elektromobilität darstellen. Laut VW liegen die Gründe hauptsächlich in den hohen Akku-Kosten.

"Ohne Hochvoltbatterie wäre die Herstellung eines Elektroautos ähnlich teuer wie die eines Diesel- oder Benzinfahrzeugs. [...] Der Preisaufschlag kommt allein durch die Hochvoltbatterie zustande" [emobility.volkswagen.de (2015)].

Da der Akku jedoch unentbehrlich ist, gilt es die zukünftigen Kosten im gesamten Herstellungsprozess zu senken. Für die Akku-Zellen, die Antriebsstrang-Komponenten sowie der Karosserie sind neue Gesamtlösungen, Materialien und Fertigungsprozesse zu erwarten (siehe *Kapitel 4.1.3., 4.1.4. und 4.2.3.*).

Skalen- und Lernkurveneffekte in allen Bereichen sowie sinkende Akkuzellen-Marktpreise können zu weiteren Kostensenkungen beitragen (siehe *Kapitel 4.1.3. Akku-Kosten* und *5.3.4. Gesamtpreis*).

Höchstgeschwindigkeit (V_{max})
Die Höchstgeschwindigkeit beim eGolf beträgt 140 km/h. Der vergleichbare Verbrenner erreicht jedoch 200 km/h. Nach einem Expertengespräch mit einem Automobilhersteller sowie einer eigenen V_{max}-Reichweiten-Analyse liegt der Hauptgrund für die geringere Geschwindigkeit in einer elektronischen Abriegelung durch die Leistungselektronik seitens des Herstellers, um dem Kunden eine gewisse Reichweite zu gewährleisten. Ein weiterer Grund wird hinter der starken Belastung des Akkus durch hohe Ströme vermutet. Eine dauerhaft hohe Leistungsabgabe erwärmt den Akku, belastet die Zellchemie und senkt die Lebensdauer (siehe *Kapitel 4.1.3. Ladedauer* auf Seite 47 und *Lebensdauer* auf Seite 51).

Zunächst wird an dieser Stelle ein Grundverständnis zur geschwindigkeitsbedingten Antriebsleistung und Verbrauch vermittelt. Um eine Vorstellung vom Verbrauch eines eGolf zu bekommen, werden Berechnungen zur Motorausgangsleistung, Verbrauch sowie der Reichweite beim Halten einer bestimmten Geschwindigkeit angestellt. Basis der Berechnungen ist die Formel 1 auf Seite 13 sowie die Fahrzeugdaten des eGolf und die Umweltkriterien aus Tabelle 4 auf Seite 19. Zur Berechnung der notwendigen Motor-Ausgangsleistung werden die Antriebsstrangverluste durch Differenzial und Getriebeübersetzung einbezogen. Zur Berechnung des Verbrauches werden zusätzlich die Energieverluste durch den Motor, der Leistungselektronik und des Akkus berücksichtigt. Dabei bewegt sich das Auto in der Ebene bewegt und es findet keine Beschleunigung oder Rekuperation statt.

Technisch betrachtet können Elektromotoren diese hohen Geschwindigkeiten leisten. Der Motor des eGolf liefert nach Angaben des Herstellers bis zu 85 kW Dauerleistung. Mit dieser Ausgangsleistung kann theoretisch eine Geschwindigkeit von ca. 195 km/h erreicht werden (siehe Abbildung 6). Wird diese Geschwindigkeit über 100 km konstant gehalten, benötigt der eGolf ca. 50 kWh elektrische Energie. Das entspricht mehr als der doppelten Akkukapazität. Der Akku ist dann nach ca. 50 Kilometern leer gefahren. Bei einer konstanten Geschwindigkeit von 140 km/h hält der Akku ca. 81 Kilometer bei rund 36 kW Motor-Ausgangsleistung und einem Verbrauch von ca. 30 kWh auf 100 km. Der Energieverbrauch steigt über die Geschwindigkeit progressiv an. Daran wird deutlich, dass hohe Geschwindigkeiten nur mit entsprechender Akku-Kapazität sinnvoll sind.

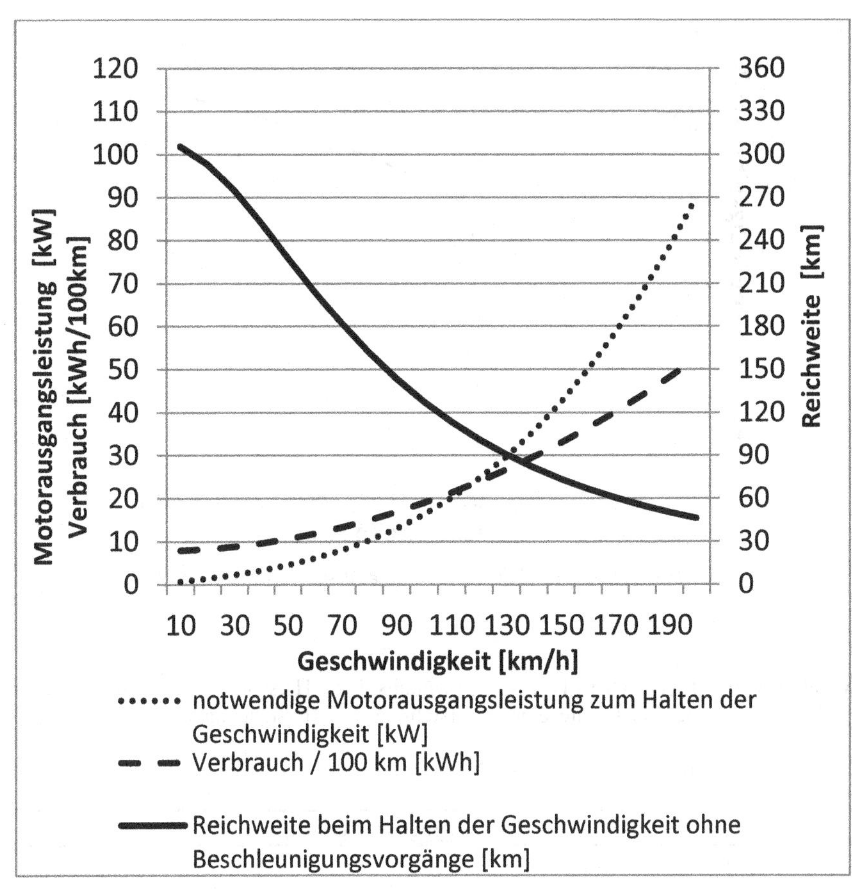

Abbildung 6: Notwendige Motor-Ausgangsleistung zur Erreichung einer Geschwindigkeit sowie Energieverbrauch auf 100 km bei konstanter Geschwindigkeit in der ungeneigten Ebene am Beispiel VW eGolf, eigene Darstellung und Berechnungen

Ein Blick auf BEV-Modelle anderer Hersteller zeigt ein kongruentes Verhalten bzgl. ihrer V_{max}-Freigabe. Abbildung 7 zeigt einen Vergleich batterieelektrischer Modelle hinsichtlich ihrer Reichweite und Höchstgeschwindigkeit. Die freigegebene Höchst-geschwindigkeit steigt in der Regel mit der Reichweite an. Das Modell Renault Twizy wird mit seinem kleinen Akku von 7 kWh mit einer Reichweite von 100 km bis 80 km/h freigegeben. Das Tesla Modell S kann, mit der fünfmal so hohen Reichweite, 200 km/h schnell fahren. Der Zusammenhang

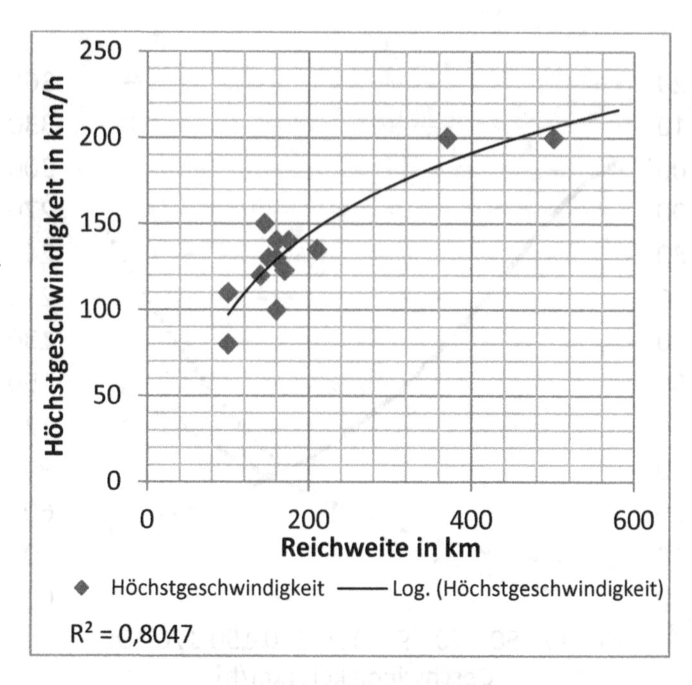

Abbildung 7: Freigegebene Höchstgeschwindigkeit der Hersteller in Abhängigkeit von der Reichweite, eigene Darstellung nach Herstellerangaben

Tabelle 5: Zahlenwerte zu Abbildung 7

Modell	Reichweite *[km]*	V_{max} *[km/h]*
Renault Twizy	100	80
mia electric	100	110
Mitsubishi i MIEV	150	130
Smart fortwo ed	140	120
VW e-up!	160	130
Renault ZOE	210	135
BMW i3	145	150
Nissan e-NV	170	123
Nissan Leaf	175	140
VW egolf	160	140
Ford THINK	160	100
Tesla Roadster	370	200
Tesla Model S	500	200

wird mittels Regressionsanalyse untersucht. Die zugrunde liegende Theorie wird in *Kapitel 2.4. Prognoseverfahren der Statistik* beschrieben. Es ergibt sich eine Logarithmus-Funktion, die die vorhandenen Daten gut beschreibt, da das Bestimmtheitsmaß R^2 bei 0,8 liegt. Zwischen den Merkmalen Reichweite – V_{max} besteht ein positiver Zusammenhang. Der Korrelationskoeffizient liegt bei 0,87. Es wird daher angenommen, dass die Hersteller die Abriegelung der Geschwindigkeit an der Reichweite ausrichten.

Batterieelektrische Fahrzeuge gelten heute wegen der geringen Reichweite als Stadtfahrzeuge. Für schnelle und lange Autobahnfahrten sind sie mit der üblichen Akku-Kapazität von 15 bis 30 kWh nicht geeignet. Größere Höchstgeschwindigkeiten verlangen also eine höhere Reichweite. Technisch betrachtet kann dies durch Verbrauchsminderung oder Steigerung der Akku-Kapazität erreicht werden. Gemäß Abbildung 5 auf Seite 17 führt Letzteres jedoch zu einem höheren Gesamtgewicht, Reduzierung der maximal zulässigen Zuladung, höherem Gesamtpreis, längerer Betankungsdauer, ggf. zu kleinerem Kofferraum oder zu einer anderen Fahrzeuggeometrie. Es gilt also, die speicherbare Energie pro Masse (Wh/kg) und Volumen (Wh/l) zu erhöhen, elektrische und mechanische Verluste im Antriebsstrang zu minimieren und Nebenverbräuche (wie Klimatisierung, Assistenzsysteme) im Automobil zu reduzieren.

Lebensdauer

Aufgrund der hohen Kosten für die Akkumulatoren und deren vergleichsweise geringer Zyklenfestigkeit entspricht die Lebensdauer des Fahrzeuges der des Energiespeichers. Werden 24,2 kWh Akku-Kapazität des VW eGolf und 350 EUR/kWh Einkaufspreis (siehe *Kapitel 4.1.3. Akku-Kosten*) zu Grunde gelegt, liegen allein die Beschaffungskosten für den Akku bei ca. 8.470 EUR. Über den tatsächlichen Preisanteil des Akkus am Verkaufspreis kann nur spekuliert werden, da einerseits der Marktpreis schwankt und noch die Kosten zur Fertigung der Batteriezellen hin zu einem Batteriepack sowie die Montage in das Automobil hinzugerechnet werden müssen. Es ist jedoch offensichtlich, dass ein Ausfall des Akkus einem wirtschaftlichen Totalschaden gleich kommt. Die Volkswagen AG gibt für den Energiespeicher im eGolf eine Lebensdauer von ca. 3.000 reversiblen Ladezyklen an [Vgl. emobility.volkswagen.de (2015)]. Bei täglicher Ladung entspricht das einer Nutzungsdauer von acht Jahren.

Im Vergleich zur BEV-Technologie können Käufer eines neuen ICE-Fahrzeugs mit einer statistischen Lebensdauer von 18 Jahren bis zum Zeitpunkt der Verschrottung rechnen. Die Produkte der Volkswagen AG führen die Statistik an. Das durchschnittliche VW Auto besitzt eine Lebensdauer in Deutschland von 26 Jahren [Vgl. Statista (2014)]. Im Interesse des Kunden besteht also bei den batterieelektrischen Fahrzeugen erheblicher Entwicklungsbedarf. Um die Entwicklung der Lebensdauer hinreichend analysieren zu können müssen die Gründe für Verschrottungen ermittelt werden. Darüber liegen jedoch keine Informationen vor. Der Hauptgrund wird darin vermutet, dass der finanzielle Aufwand zur Beseitigung von Unfall- oder Verschleißschäden am Fahrzeug und Widerherstellung der Straßentauglichkeit den Marktpreis eines gebrauchten oder neuen PKW übersteigt.

Beschleunigung

VW gibt eine minimale Dauer von vier Sekunden an, um den eGolf von 0 auf 60 km/h und 10,4 Sekunden um von 0 auf 100 km/h zu beschleunigen - bei einem Leergewicht von 1.520 kg und 85 kW Motorleistung. Der konventionelle Golf schafft die erste Geschwindigkeits-Distanz in 3,3 Sekunden und bis 100 km/h in 10,5 Sekunden – bei 220 kg weniger Leergewicht und 81 kW Motorleistung. Damit ist die Elektro-Variante bei Ampelstarts etwas träger als sein konventionelles Äquivalent. Der Golf besitzt also eine höhere durchschnittliche Beschleunigung zwischen 0 und 60 km/h. Bis zur Erreichung von 100 km/h liegen beide Fahrzeuge wieder in etwa gleichauf, da die Beschleunigung des Golf zwischen 60 und 100 km/h offensichtlich geringer ist. Da Elektromotoren, im Gegensatz zu Verbrennungsmotoren, ein annähernd konstantes Drehmoment über die Drehzahl liefern, ist von einer konstanten Beschleunigung auszugehen. Es sei denn, die Nenndrehzahl des E-Motors wurde bereits erreicht und der sog. Feldschwächbereich tritt ein.

In diesem Bereich wird das Drehmoment reduziert (siehe *Kapitel 4.2.2. Feldschwächbereich*). Die Nenndrehzahl von Elektromotoren ist die maximale Drehzahl bei der die maximale Leistung erreicht wird. Abbildung 8 zeigt einen qualitativen Vergleich der Drehzahl-/Drehmoment-Kennlinie eines Elektro- und Verbrennungsmotors. Im Gegensatz zu Elektromotoren steigt die Leistung bei Verbrennern über die Drehzahl nicht konstant sondern degressiv an. Das Drehmoment steigt ebenfalls degressiv bis zu Erreichung des Nenndrehmoments (maximales Drehmoment) an. Die Nenndrehzahl ist dabei vom gewählten Gang und der Motorphysik abhängig. Beim maximalen Drehmoment arbeitet der Motor am effizientesten. Die Beschleunigung eines Verbrennungsmotors ist daher nicht konstant. Insgesamt kann an diesem Beispiel gezeigt werden, dass Elektromotoren in der Beschleunigung den Verbrennungsmotoren nicht nachstehen, da die Vergleichswerte nur geringfügig voneinander abweichen. Die Beschleunigungsdauer ist nach den Gesetzen der Physik vom Gewicht des Fahrzeugs, der Motorleistung und den Umweltfaktoren Rollwiderstand, Fahrwiderstand und Steigungswiderstand abhängig [Vgl. Braess/Seiffert (2013)].

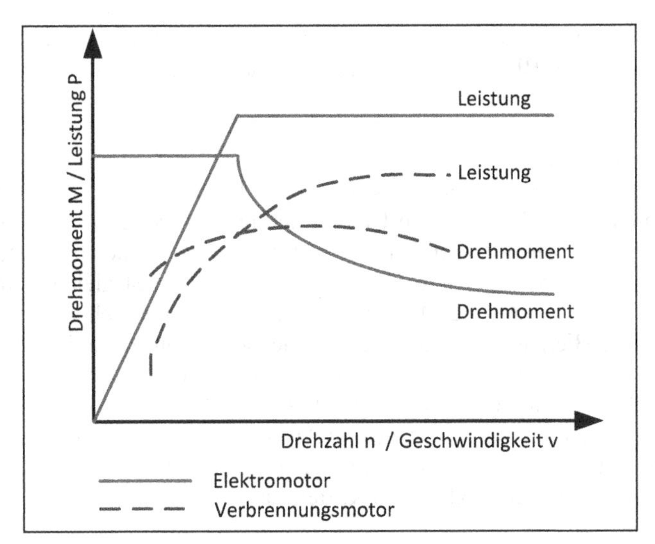

Abbildung 8: Qualitativer Vergleich der Drehzahl/Drehmoment-Kennlinie eines Elektro- und Verbrennungsmotors, eigene Darstellung angelehnt an Tschöke (2015), S. 43

Maximal zulässige Zuladung

Gemäß *Kapitel 2.1. Elektromobilität allgemein* entfallen beim BEV schwere Komponenten wie bspw. Verbrennungsmotor oder Abgassystem. Diese werden durch einen leichteren Elektromotor und einen schweren Akku ersetzt. Am Beispiel des eGolf besitzt der Li-Ionen-Akku ein Gewicht von 318 kg und erhöht damit das Leergewicht auf 1.520 kg. Das konventionelle Pendant wiegt dagegen nur 1.300 kg. Die maximal zulässige Zuladung beträgt daher beim Golf 576 kg und beim eGolf nur 440 kg.

Einfluss auf die zulässige Zuladung haben Kosten, Federung, Stoßdämpfer, Radaufhängungen und andere Fahrwerksteile. Diese lassen sich entweder auf Komfort oder hohe Tragfähigkeit optimieren. Da es sich um einen PKW der Kompaktklasse und nicht um einen Lastentransporter handelt, wird das Fahrwerk vom Hersteller höchstwahrscheinlich auf Komfort ausgelegt. Wird das Auto überladen, wird das Fahrverhalten durch die Verlagerung des Schwerpunkts nach oben und hinten nachhaltig verändert [Vgl. DEKRA b (2015)]. Dadurch werden sie bei raschen Richtungswechseln schneller instabil und neigen zum Ausbrechen. Auch der Bremsweg verlängert sich bei voll beladenen Fahrzeugen. Wird eine höhere Zuladung zugelassen, muss auch das Bremssystem entsprechend ausgelegt werden.

Um zukünftig auf das Niveau des Verbrenners aufzuschließen, gilt es, das Gesamtgewicht des BEV zu senken. Darauf haben Akku, Karosserie und Antriebsstrang großen Einfluss.

Kofferraumvolumen

Bei umgeklappter Rücksitzbank besitzen beide Fahrzeuge das gleiche Kofferraumvolumen von 665 Litern. Ein Unterschied besteht jedoch im normalen Zustand. Hierbei verzeichnet der eGolf einen ca. 10 % kleineren Gepäckraum, obwohl dieser 9 mm breiter und 15 mm länger ist - bei fast gleicher Höhe. In absoluten Zahlen beträgt die Differenz 39 Liter und entspricht ungefähr dem Volumen eines Bierkastens (34,8 Liter, eigene Berechnung). Da der Akku beim eGolf nicht unterhalb des Kofferraums, sondern unter der Rücksitzbank sowie im Mitteltunnel des Unterbodens positioniert wird [Vgl. emobility.volkswagen.de (2015)] besteht zunächst kein Grund zur Annahme, dass der Akku den Kofferraum verdrängt. Entsprechende Fachliteraturen liefern ebenfalls keine Informationen über die Gründe eines kleineren Kofferraums.

Innengeräusch

Die Anforderungen an die akustisch wahrnehmbaren Geräusche von Fahrzeugen haben sich in den vergangenen Jahrzenten stark erhöht [Vgl. Zeller (2012)]. Grund dafür sind die steigenden Komfortansprüche der Kunden und die steigende Wertigkeit des Fahrzeugs in allen Segmenten. Die akustischen Emissionen werden nach Wind-, Roll- und Antriebsgeräuschen unterteilt [Vgl. Braess/ Seiffert (2013), S. 83]. Darüber hinaus unterscheidet man noch Störgeräusche und sog. Betätigungsgeräusche, wie z. B. das Blinkergeräusch. Sie alle beeinflussen den wahrnehmbaren Geräuschpegel im Fahrgastraum. Bei Konstantfahrten dominieren bei beiden Technologien die Wind- und Rollgeräusche den Schallpegel im Innenraum. Erst beim Beschleunigungsvorgang kommt bei ICE-Fahrzeugen ein hörbarer Anteil hinzu. Elektromotoren laufen dagegen im Stand sowie bei Beschleunigungen extrem leise. Die vom ADAC veröffentlichten Schallpegel-Werte wurden bei Konstantfahrten mit 130 km/h gemessen. Aus diesem Grund liegen die Geräuschpegel im Technologievergleich ungefähr gleich auf. Bei Beschleunigungen wird der Unterschied deutlich. Verbrennungsmotoren emittieren dann im Schnitt stärkere Antriebsgeräusche. Das Ausmaß geht in der Regel mit der Sportlichkeit des Autos und der Auslegung vom Hersteller einher [Vgl. Braess/Seiffert (2013), S. 87]. Auch die Schall-Frequenz unterscheidet sich. Bei ICE-Fahrzeugen sind tiefere Töne, niedriger Frequenz und bei BEVs helle Töne, hoher Frequenz wahrnehmbar. Bei Konstantfahrten besitzen BEVs keine Vorteile. Der Unterschied wird aber im Stand bzw. sehr geringen Geschwindigkeiten spürbar, bei denen das Antriebsgeräusch dominiert.

Sicherheit

Dieser Abschnitt zeigt, warum die Sicherheit von BEVs, denen konventioneller Fahrzeuge, gleichrangig ist.

Bei der Entwicklung von Kraftfahrzeugen besitzt das Kriterium Sicherheit höchste Priorität um Insassen, Umwelt sowie alle anderen Verkehrsteilnehmer vor Gefahren zu schützen. Im Betrieb befindliche batterieelektrisch betriebene Automobile gefährden aufgrund ihrer praktisch nicht vorhandenen Treibhausgasemissionen am Leistungsort die Umwelt nicht. Im Gegensatz zu Verbrennungsmotoren entstehen bei der Fahrt mit Elektromotor auch deutlich geringere Lärmemissionen. Aufgrund des hohen Energiegehalts auf engem Raum besteht zunächst die Gefahr von Kurzschlüssen, Bränden und anderen chemischen Reaktionen. Das Sicherheitsniveau eines Elektroautos entspricht jedoch dem eines Konventionellen. Dafür wurden die Testergebnisse verschiedener ICE- und BEV-Fahrzeuge des European New Car Assessment Programme (Euro NCAP) herangezogen. Die Euro NCAP ist eine Gesellschaft europäischer Verkehrsministerien, Automobilclubs und Versicherungsverbände mit Sitz in Brüssel. Die Auto-Tests *"[...] stellen auf vereinfachtem Weg die häufigsten Unfallszenarios aus der Praxis nach, die bei Insassen oder anderen Verkehrsteilnehmern zu Verletzungen oder Tod führen können"* [Euro NCAP (2015)]. Anschließend werden die Fahrzeuge anhand der verfügbaren Sicherheitssysteme bewertet. Tabelle 6 zeigt einen Vergleich dieser Tests verschiedener Elektrofahrzeuge zum VW Golf. Gründe für den fehlenden Stern einiger Elektroautos sind bspw. mäßiger Fußgängerschutz und fehlende Sicherheitssysteme, die aber Tesla, Opel und Toyota in ihren Elektromodellen offensichtlich zu bewältigen wissen [Vgl. Griin (2013)].

Tabelle 6: Bewertung der Sicherheit verschiedener Fahrzeugmodelle durch die Euro NCAP (höchstmögliche Bewertung 5 Sterne), eigene Darstellung nach Euro NCAP (2015)

Fahrzeugmodell	Euro NCAP Bewertung
VW Golf (2012)	**5 Sterne**
Tesla Model S	5 Sterne
Opel Ampera	5 Sterne
Toyota Prius	5 Sterne
Mitsubishi i-Miev	4 Sterne
BMW i3	4 Sterne
Citroen C-Zero	4 Sterne

Zu den Sicherheitssystemen zählt bspw. dass der Akku bei schweren Unfällen vom Bordnetz getrennt wird, um alle Systeme und Insassen zu schützen. Die Positionierung des Akkus und unter Spannung stehende Leitungen an Stellen, bei denen eindringende Teile bei einem Unfall nichts zerstören können ist ebenfalls eine aktuelle Sicherheitsmaßnahme [Vgl. DEKRA b (2015)]. Darüber hinaus überwacht ein Batteriemanagement-System den Betrieb des Akkus. Wichtige Sicherheitsfunktionen des Batteriemanagementsystems sind permanente Spannungs- und Temperaturüberwachung der Zellen, aktive und passive Kühlung sowie Begrenzung von Lade- und Spannungsströmen [Vgl. Korthauer (2013), S. 299 ff.]. Alle Belastungs- und Beanspruchungstests werden dabei nach gültigen Normen und Standards (DIN, ISO, IEC, ...) durchgeführt. Der TÜV prüft und zertifiziert darüber hinaus die Straßentauglichkeit.

Akkumulatoren besitzen viel Energie auf engem Raum. Daher sind Brände bei besonders schweren Unfällen, die sich außerhalb des Rahmens gesetzlicher Vorschriften und Prüfungen ereignen, prinzipbedingt nicht auszuschließen. Durch hohe mechanische Belastungen kann ein Kurzschluss im Akku entstehen und einen sog. Thermal Runaway auslösen [Vgl. Korthauer (2013), S. 285 ff.]. Dabei kommt es zur Überhitzung einer exothermen chemischen Reaktion. Der Prozess verstärkt sich selbst indem immer mehr Wärme produziert wird und es folglich zum Brand oder zur Explosion kommen kann. Dabei wird das gesamte Kathoden- und Elektrolytmaterial zersetzt. Die stattfindende Energiefreisetzung ist jedoch abhängig vom eingesetzten Material. Sehr gefährdet sind vor allem Akkus aus Lithium-Kobaltoxid-Kathoden. Diese besitzen eine sehr starke Erhöhung der Temperatur pro Minute (ca. 370 °C/min). Bei neuen Materialien wie LiFePO4 und LiMn2O4 liegt dieser Wert bei nur knapp über 0 °C/min. Diese sind den Kobalt-Oxid-Kathoden in Punkto Sicherheit überlegen (siehe *Kapitel 4.1.2.*). Es sei an dieser Stelle darauf hingewiesen, dass batterieelektrische Fahrzeuge nicht gefährlicher sind als konventionelle, aber durchaus weiterer Forschungsbedarf notwendig ist um Materialien zu entwickeln die die Sicherheit erhöhen und dabei nicht zum Nachteil anderer Anforderungen wie Leistung, Energiedichte oder Kosten führen.

Bei Lithium-Schwefel-Akkus kann es im Falle eines Brandes zu unkontrollierbaren, starken Reaktionen kommen. Aufgabe der aktuellen Forschung ist es daher, die Sicherheit durch entsprechende Maßnahmen auf das Niveau von Li-Ionen-Akkus zu bringen. Technologien geringer Sicherheit werden sich am Markt nicht etablieren können oder werden gar nicht erst zugelassen.

CO_2-Emissionen

Bezüglich der CO_2-Emissionen wird sich im Rahmen dieser Arbeit auf eine Tank-to-Wheel- anstelle einer Well-to-Wheel-Betrachtung beschränkt. Eine Tank-to-Wheel-Analyse eines Fahrzeuges betrachtet die Wirkkette von der aufgenommenen Energie (Kraftstoff oder elektrische Energie) bis zur Umwandlung in kinetische Energie. Für eine Well-to-Wheel-Betrachtung wird zusätzlich die Gewinnung und Bereitstellung der Antriebsenergie einbezogen. Wird die elektrische Energie nicht ausschließlich emissionsfrei durch Erneuerbare Energien erzeugt, bspw. durch Kohlekraftwerke, fallen in der Gesamt-CO_2-Bilanz eines Elektroautos CO_2-Emissionen an. Je nachdem wie die elektrische Energie erzeugt wird fallen in einer Well-to-Wheel-Analyse entsprechend CO_2-Emissionen beim Betrieb von Elektroautos an. Um das zukünftige Verbesserungspotenzial abschätzen zu können ist eine separate Betrachtung der Erzeugungstechnologien und deren Marktpotenzial für private und gewerbliche Kunden notwendig.

Der Betrieb eines batterieelektrischen Fahrzeuges verursacht, im Gegensatz zu ICE-Fahrzeugen, keine Schadstoff-Emissionen, da lediglich elektrische Energie durch den Elektromotor in Rotationsenergie gewandelt wird. Fahrzeuge mit Verbrennungsmotor hingegen emittieren im Betrieb prinzipbedingt Schadstoffe. Der VW Golf VII emittiert laut Herstellerangabe auf 100 km weniger als 100 g CO_2. Nach jüngsten Veröffentlichungen muss dieser Wert jedoch kritisch betrachtet werden, da VW in der Kritik steht Abgaswerte gefälscht zu haben [Vgl. Spiegel (2015)]. Pro Liter emittieren Benziner ca. 11 % weniger CO_2, verbrauchen jedoch mehr Kraftstoff auf gleicher Strecke [Vgl. DEKRA (2015)]. Im Sinne des Klimaschutzes, Ressourcenschonung sowie Verringerung internationaler Abhängigkeiten gilt es die CO_2-Emissionen der Nationen zukünftig weiter zu reduzieren. Seit der Ratifizierung des Kyoto-Protokolls haben sich diverse Industrienationen auch völkerrechtlich zur CO_2-Reduzierung verpflichtet [Vgl. BMUB (2014)].

3.5 Gegenüberstellung der Effektkriterien der ICE- und BEV-Referenzfahrzeuge

Die Abbildungen Abbildung 9 und Abbildung **10** fassen den Stand der Technik der beiden Technologien ICE und BEV am Beispiel der Referenzfahrzeuge (siehe *Kapitel 3.3.*) zusammen. Zur grafischen Veranschaulichung wurde ein Spinnendiagramm gewählt, um die Vielzahl an Parametern gegenüberstellen zu können. Das Spinnendiagramm erleichtert das Auffinden von Unterschieden/Defiziten der Vergleichstechnologien. Für eine bessere Lesbarkeit der Zahlenwerte werden die Effektkriterien auf zwei Diagramme aufgeteilt. Weiter außen liegende Werte gelten als besser. Zum Beispiel wird die Reichweite nach außen größer weil eine hohe Reichweite den Kundennutzen erhöht. Die Betankungsdauer wird dagegen nach außen zu kleiner, da eine möglichst geringe Dauer von Vorteil ist. Die Achsen treffen sich nicht. Daher gibt es keinen Nullpunkt und es ist möglich Achsen-abschnitte darzustellen.

Bereits auf den ersten Blick wird deutlich, dass in Abbildung 9 größere Unterschiede zwischen den Technologien bestehen als in Abbildung 10. Der eGolf steht im Hinblick auf seine gewöhnliche Reichweite, die Reichweite im Winter, Betankungsdauer, Preis, Höchstgeschwindigkeit und Lebensdauer seinem konventionellen Pendant stark nach. In etwa gleiche Werte erreicht der eGolf bei der Beschleunigung, der maximal zulässigen Zuladung, dem Kofferraumvolumen und der Sicherheit. Einzig im Punkt CO_2-Emissionen im Betrieb steht das Elektroauto wegen seines abgasfreien Betriebs deutlich besser da. Ein weiterer Vorteil ist der sehr leise laufende Elektromotor im Gegensatz zu dem oft röhrenden Klang eines Verbrenners bei Anfahrgeräuschen und im Stand. Im direkten Vergleich werden allerdings nur die Innengeräusche bei konstanter Fahrt von 130 km/h einbezogen. In Anhang 2 befinden sich die detaillierten Werte zu den folgenden Abbildungen.

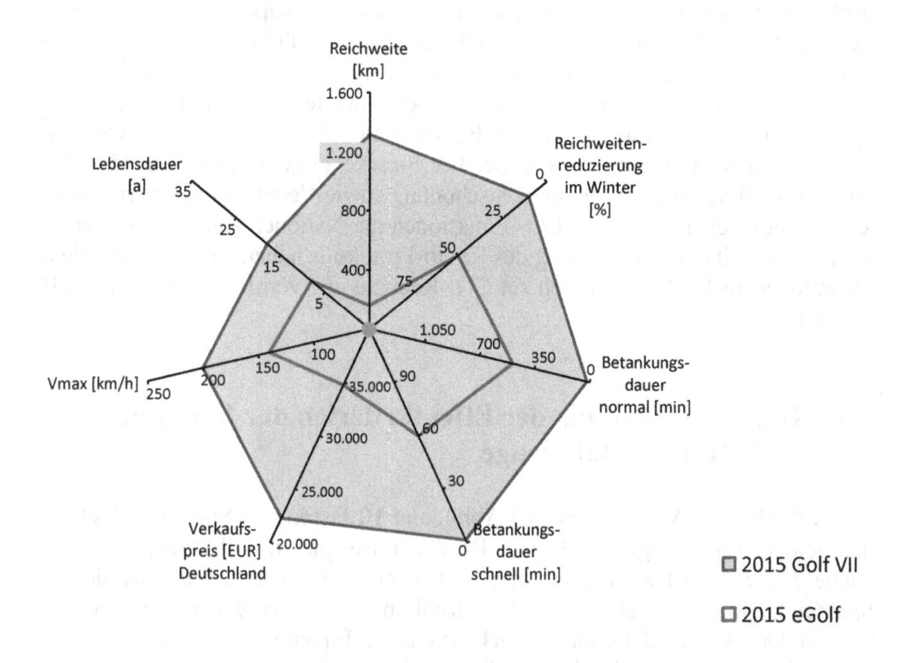

Abbildung 9: Grafischer Vergleich der Effektkriterien VW Golf VII und VW eGolf 2015, Teil 1 von 2; eigene Darstellung

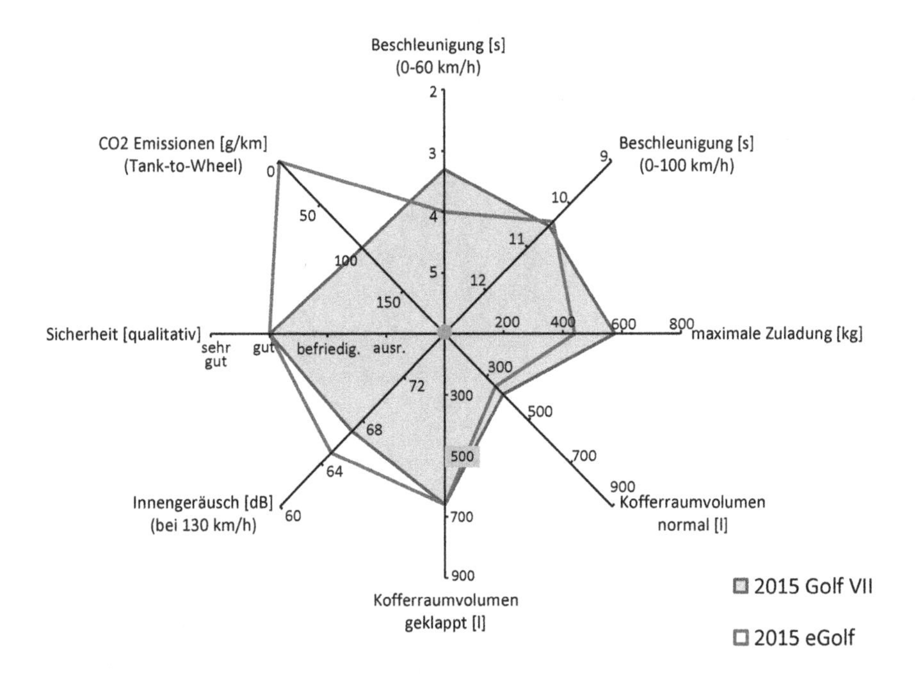

Abbildung 10: Grafischer Vergleich der Effektkriterien VW Golf VII und VW eGolf 2015, Teil 2 von 2; eigene Darstellung

3.6 Zusammenfassung der aktuellen BEV- und ICE-Technologien

Kapitel 3.5. zeigt deutlich, welche technischen Defizite der eGolf heutzutage aufweist. Der Anwender muss mit einigen Nachteilen leben, die er von Verbrennerfahrzeugen so nicht kennt.

Die Automobilindustrie steht vor großen Aufgaben, die bisherigen technischen Standards auf die Elektroautos zu übertragen. Gerade im Hinblick auf den wesentlich höheren Verkaufspreis wird der aktuelle technische Status-Quo die Verkaufszahlen ersticken. Doch welche Gründe können für diese Defizite verantwortlich gemacht werden? Für eine technische Potenzialanalyse für das Jahr 2025 gilt es, die Technologie genauer zu betrachten und deren Entwicklungspotenzial zu untersuchen. *Kapitel 4* geht den Defiziten auf den Grund, erläutert technische Grundlagen und identifiziert aktuelle Forschungs- und Entwicklungsprojekte und deren Ziele.

4 Entwicklungspotenzial technischer Kriterien der BEV-Technologie

In *Kapitel 3* werden die technischen Defizite der BEV-Technologie anhand der Effektkriterien herausgestellt. Das Ziel von *Kapitel 4* ist es, die Hintergründe dieser Defizite zu untersuchen und eine mögliche Entwicklung der BEV-Technologie anhand ausgewählter technischer Kriterien (siehe *Kapitel 3.1.*) zu untersuchen. Dazu werden die Themenbereiche Energiespeichersystem (*Kapitel 4.1.*), Elektromotor und Antriebsstrang (*Kapitel 4.2.*) sowie Gewichts-Reduzierungspotenzial (*Kapitel 4.3.*) betrachtet. Das *Kapitel 4.4.* fasst die Erkenntnisse der möglichen Entwicklungen der technischen Bewertungs-kriterien zusammen.

4.1 Energiespeichersystem

Neben dem Elektromotor und den elektrischen Nebenverbrauchern gehören die Speicherung und bedarfsabhängige Abgabe elektrischer Energie im Fahrzeug zu den Schlüsseltechnologien für die Elektrifizierung des Antriebsstrangs. Bisher erfüllt nur die Lithium-Ionen-Technologie die Anforderungen in allen Anwendungen im Automobil. Da der Akku im elektrischen Fahrzeug den am stärksten limitierenden Faktor für die technischen Eigenschaften darstellt, wird diese Komponente in dieser Arbeit intensiv betrachtet. Die Bezeichnung Energiespeichersystem ist ein Überbegriff, der verschieden eingesetzte Aktivmaterialien, Zellbauformen und -designs umfasst.

Zur Durchführung einer Potenzialanalyse des Energiespeichers eines BEV ist zunächst ein grundlegendes Verständnis über elektrochemische Speicher notwendig. Daher befassen sich die *Kapitel 4.1.1.* und *4.1.2.* mit den technischen Grundlagen, Anforderungen und Herausforderungen. Darüber hinaus werden in diesen Kapiteln der prinzipielle Aufbau und die Funktionsweise elektrochemischer Speicher erläutert. Anschließend wird ein Überblick über die heute gebräuchlichsten Speichersysteme gegeben. Dabei werden die Speichersysteme hinsichtlich ihrer Unterscheidungsmerkmale sowie Relevanz für die Automobilindustrie verglichen. Der Leser bekommt einen Überblick über die konkurrierenden Technologien zum Lithium-Ionen-Akku und kann erkennen, welche das Potenzial besitzt, zukünftig in BEVs eingesetzt zu werden. In den *Kapiteln 4.1.3.* und *4.1.4.* wird das Zukunftspotenzial verschiedener Energiespeichersysteme abgebildet, indem aktuelle nationale und internationale Forschungsaktivitäten hinsichtlich ihrer Inhalte und Zielvorstellungen untersucht werden.

4.1.1 Grundlagen und Vergleich aktueller Energiespeichersysteme

Aufbau und Funktionsweise elektrochemischer Speicher

Elektrochemische Speicher besitzen in der Regel den gleichen Aufbau (siehe Abbildung 11). Sie bestehen aus zwei Elektroden unterschiedlichen Materials, die durch einen Elektrolyten miteinander verbunden sind, den Stromableitern und einem Separator. Der Entlade-Betrieb einer Akku-Zelle lässt sich nach Tschöke (2015), S. 60 ff. wie folgt beschreiben: Elektronen werden über Stromableiter in die Aktivmaterialien der Elektroden ein- bzw. ausgeleitet. Gleichzeitig kommt es zu elektrochemischen Reaktionen. In der negativen Elektrode werden Elektronen vom Aktivmaterial abgelöst. Daher werden Ionen frei. Die Elektronen werden über den Stromableiter ausgeleitet und die Ionen diffundieren durch den Elektrolyten zur positiven Elektrode. Dort wird das Elektron vom Ion abgenommen. Um die Aktivmassen für den elektrischen Stromfluss sicher voneinander zu isolieren wird ein Separator eingesetzt. Beim Ladevorgang kehren sich die Prozesse um, so dass die Ionen von der positiv geladenen Elektrode durch den Elektrolyten und Separator zur negativ geladenen Elektrode wandern.

Um die in der Automobilindustrie notwendige Energiemenge bereitstellen zu können wird eine Kombination aus seriell und parallel geschalteten Batteriezellen verwendet. Einzeln weisen sie eine viel zu geringe Spannung und Kapazität auf. Eine Serienschaltung erhöht die Gesamtspannung, während die Kapazität gleich bleibt. Parallelschaltungen erhöhen die Kapazität bei gleichbleibender Spannung. Bei batterieelektrischen Fahrzeugen sind Spannungen zwischen 150 und 400 V üblich. Der Akkumulator gilt als Entladen sobald die Akkuspannung unter einen definierten Schwellwert sinkt. Die Unterschreitung einer bestimmten Ladungsmenge ist nicht ausschlaggebend. Die so genannte Entladeschluss-Spannung wird bei geringerer Temperatur früher erreicht. Der Akkumulator ist dann praktisch, aber nicht chemisch leer. Wird der Akkumulator nach Erreichen dieses Punktes wieder erwärmt, kann sie weiter genutzt werden. Entladeschluss-Spannungen werden vom Hersteller so definiert, dass der Betrieb aller Verbraucher gewährleistet ist. Außerdem schädigt eine zu niedrige Spannung den Akkumulator. Eine Besonderheit elektrochemischer Speicher ist die Abhängigkeit der Lade- und Entladegeschwindigkeit von der Temperatur. Die Leistungsfähigkeit der meisten Akkumulatoren sinkt mit abnehmender Temperatur. Eine höhere Temperatur bringt meist auch eine größere Kapazität mit sich. Chemische Reaktionen laufen bei höheren Temperaturen leichter ab. Gleichzeitig werden Alterungsreaktionen bei höheren Temperaturen beschleunigt. Um diesen unerwünschten Vorgängen entgegen-zuwirken wird ein Batterie-Management-System eingesetzt. Das Batterie-Management-System überwacht Temperatur und Spannung und greift ein, wenn Grenzen über- oder unterschritten werden.

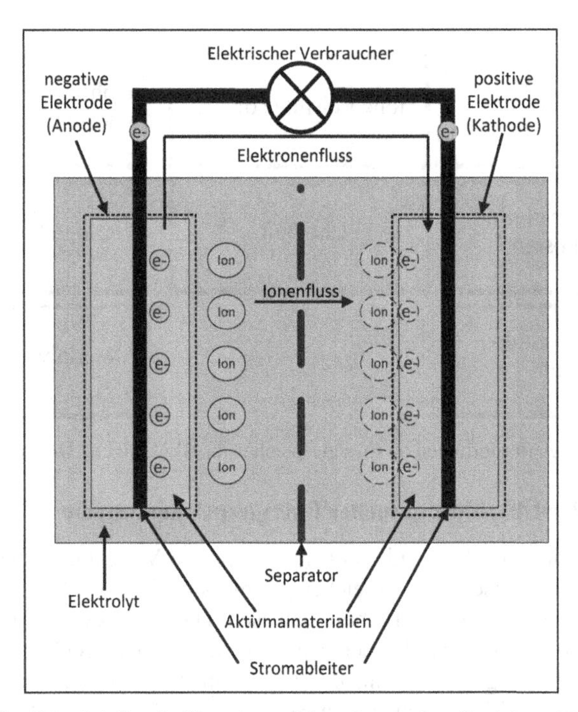

Abbildung 11: Prinzipieller Aufbau eines elektrochemischen Speichers (dargestellt ist der Entladevorgang), eigene Darstellung angelehnt an Tschöke (2015), S. 53

Anforderungen an Energiespeicher für BEV

Der Energiespeicher ist die zentrale und zugleich wichtigste Komponente für die Entwicklung und kommerzielle Verbreitung batterieelektrischer Fahrzeuge. Außerdem lastet auf ihm eine Vielzahl an Anforderungen. Abbildung 12 zeigt die wichtigsten technischen Anforderungen, die es bei der Entwicklung zu beachten gibt. Diese technischen Kriterien des Akkumulators haben vielfältige Auswirkungen auf die vom Kunden direkt wahrnehmbaren Eigenschaften des Elektroautos, den Effektkriterien. Abbildung 5 auf Seite 17 zeigt den Einfluss technischer Kriterien auf die Effektkriterien des batterieelektrischen Fahrzeuges. Jedes ausgewählte technische Kriterium hat Einfluss auf ein oder mehrere Effektkriterien. So hat bspw. eine niedrige gravimetrische Energiedichte ein hohes Gewicht des Akkumulators zur Folge. Ein hohes Gewicht hat Einfluss auf die maximal zulässige Zuladung des Fahrzeuges. Wird der Akku so parametriert, dass das Gewicht gleich bleibt, bei folglicher Verringerung der Speicherkapazität, dezimiert sich entsprechend die Reichweite.

Abbildung 12: Anforderungen an Energiespeicher für BEV, eigene Darstellung

Vergleichender Überblick aktueller Energiespeichersysteme

Eine Grundbedingung für räumlich uneingeschränkte Mobilität ist die Transportfähigkeit der Antriebsenergie. Speichersysteme sind in der Automobilindustrie schon immer Gegenstand der Technik gewesen. Das Unterkapitel Speichertypen zeigt einen Überblick über die heute gebräuchlichen elektrochemischen Speichersysteme. Im Folgenden erhält der Leser einen Überblick darüber, welche konkurrierenden und komplementären Systeme es auf dem Markt gibt und warum sich diese hinter die Li-Ionen-Technologie anstellen nach Korthauer (2013), S. 3ff.

Zellen mit Zinkanode
Zellen mit metallischem Zink als Anodenmaterial sind bereits seit dem 19. Jahrhundert in Verwendung. Sie bieten zwar eine hohe spezifische Ladung und Energiedichten von bis zu 450 Wh/kg, besitzen aber einen hohen Innenwiderstand und geringe Lebensdauer. Letzteres ist bedingt durch die elektrochemische Abscheidung von Zink. Damit eignet sich diese Technologie nicht für automobile Anwendungen.

Zellen mit Lithiumanode
Diese Zellen bieten zwar hohe Energiedichten von bis zu 600 Wh/kg, gelten jedoch als nicht wieder aufladbar, da die Morphologie des abgeschiedenen Lithiums für weitere Ladevorgänge ungeeignet ist. Wegen der geringen Sicherheit (z.B. Kurzschlüsse und Brände) fallen sie aus der Betrachtung.

Blei-Akkumulatoren
Diese Technologie ist, unter den heute relevanten Speichersystemen, die älteste wieder-aufladbare Variante mit dem heute höchsten Marktanteil von ca. 50 % des Batteriemarktes. Da sie aber eine sehr geringe Energiedichte von 30-40 Wh/kg besitzt, ist sie für die Reichweiten- und Gewichtsanforderungen in PKW nicht geeignet. Wegen der sehr hohen Kurzzeitströme finden sie heute noch Anwendung als Autobatterie.

Nickel-Cadmium-Akkumulatoren (Ni-Cd)
Die Ni-Cd Technologie besitzt eine hohe Tieftemperaturbeständigkeit von bis zu -40°C und Energiedichten von bis zu 60 Wh/kg. Der kommerzielle Einsatz von Cadmium wird durch EU-Verbote stark beschränkt.

Nickel-Metallhydrid-Akkumulatoren
Nickel-Metallhydrid-Akkumulatoren können aus chemischer Sicht nicht überladen bzw. unterladen werden und benötigen daher keine aufwendige Elektronik zum Schutz. Mit nur 80 Wh/kg wurde sie von der Li-Ionen Technologie verdrängt und findet lediglich in Hybridfahrzeugen Anwendung.

Natrium-Schwefel- und Natrium-Nickel-Chlorid-Akkumulatoren
Natrium-Schwefel-Akkumulatoren besitzen eine äquivalente Energiedichte wie Li-Ionen-Akkumulatoren von bis zu 200 Wh/kg und sind wegen der Verwendung von Schwefel sehr günstig in der Herstellung. Jedoch treten bei dieser Technologie im Betrieb hohe thermische Verluste auf, bedingt durch eine notwendige Betriebstemperatur von 250-300°C. Deswegen werden sie nur in Systemen mit hohen Leistungsanforderungen jenseits der Megawatt-Marke eingesetzt. Natrium-Nickel-Chlorid-Akkumulatoren werden auch „ZEBRA-Batterien" genannt. Sie sind preiswert und besitzen eine hohe Energiedichte von ca. 120 Wh/k. Diese Technologie wird in Kleinserienproduktionen wie bspw. dem Smart Fortwo electric drive eingesetzt.

Redox-Flow-Akkumulatoren
Wegen der geringen Energiedichte von 10 Wh/kg werden Redox-Flow-Akkumulatoren nicht in der Automobilindustrie eingesetzt.

Doppelschichtkondensatoren
Doppelschichtkondensatoren sind auch unter dem Markennamen „NEC-Supercaps" bekannt und zeichnen sich vor allem durch die hohe Zyklenstabilität, einer Million Zyklen sowie der sehr hohen Leistungsdichte von 20 kW/kg, aus. Sie sind dem Aufbau klassischer Akkus sehr ähnlich, werden aber wegen der geringen Energiedichte in großindustriellen Bereichen (z.B. WKA) eingesetzt.

Lithium-Ionen-Akkumulatoren

Die Firma Sony kommerzialisierte 1991 die Li-Ionen Batterie und startete den Siegeszug dieses Speichersystems im Kleinelektronikbereich. Sie verdrängte die Nickel-Metallhydrid-Technologie. Gegenüber den bisher genannten Speichertypen weist sie zahlreiche Vorteile auf (z.B. hohe Energiedichte, hohe Zellspannung, keine natürlichen Nebenreaktionen, hohe Zyklen-beständigkeit, hohes Sicherheitsniveau, hohe Leistungsdichte und damit schnellladefähig). Mit ihren technischen Eigenschaften gilt die Li-Ionen-Technologie heute als technisch geeignetste und wirtschaftlichste Variante für den Einsatz in Elektrofahrzeugen.

4.1.2 Stand der Technik: Lithium-Ionen-Technologie

Im Folgenden werden die technischen Daten aktueller Li-Ionen-Akkus vorgestellt und die zukünftig zu bewältigenden technischen Herausforderungen beleuchtet. Anschließend wird ein vergleichender Überblick über die aktuell eingesetzten Materialien für Anode, Kathode und Elektrolyt gegeben.

Um die Entwicklung der Energiespeichersysteme analysieren zu können, werden die wichtigsten technischen Kriterien zur Bewertung der Leistungsfähigkeit dieser Fahrzeug-komponente untersucht. Die technischen Kriterien der Lithium-Ionen-Technologie und deren aktuelle Leistungswerte werden in

Tabelle 7 aufgelistet. Die Energiedichte des Akkumulators gibt an, wieviel Energie pro Gewicht (gravimetrisch) oder Volumen (volumetrisch) gespeichert werden kann. Dabei wird zwischen theoretischer und praktischer Energiedichte

Tabelle 7: Übersicht quantifizierbarer technischer Kriterien, eigene Darstellung nach Datenbasis: Tschöke (2015), S. 63; Korthauer (2013), S. 200 u. 412; Elektroniknet (2015); Akkuladezeit (2015); emobility.volkswagen.de (2015); Fraunhofer IWS (2015)

Technisches Kriterium (2015)	Wert	Einheit
theor. gravimetrische Energiedichte	140-200	Wh/kg
prakt. gravimetrische Energiedichte	76 - 96	Wh/kg
volumetrische Energiedichte	350-500	Wh/l
Leistungsdichte	500	W/kg
Ladedauer (normal) *	780	min
Ladedauer (schnell) *	60	min
Temperaturbereich für optimale Betriebsführung	20 - 40	°C
Reichweitenverringerung im Winter	< 50	%
Lebensdauer	ca. 3000	Zyklen
Akku-Gesamtkosten	300-400	EUR/kWh

* bei einer Batteriekapazität von 24,2 kWh (VW eGolf)

unterschieden. Die theoretische ist diejenige, die sich nur auf die Zellen bezieht. Die praktische gravimetrische Energiedichte fällt typischerweise um mehr als 50 % kleiner aus. Sie beinhaltet neben Elektrolyt und Separator auch die Stromableiter, Additive und das Gehäuse [Vgl. Tschöke (2013), S. 200]. Wie hoch die praktische Energiedichte tatsächlich ausfällt, hängt maßgeblich von der Bauart und Konzeptionierung des Herstellers ab und unterscheidet sich teilweise stark. Bei 24,2 kWh Kapazität und 318 kg Gewicht beträgt die praktische gravimetrische Energiedichte eines eGolf-Akkus 76,1 Wh/kg (Li-Ionen). Beim BMW i3 beträgt sie 95,6 Wh/kg bei einer Kapazität von 22 kWh. Legt man die gleiche Kapazität zugrunde, baut BMW den Akkumulator um 20 % leichter. Für den Fortschritt der Arbeit werden die Werte des eGolf verwendet und die Annahmen getroffen, dass sich die zukünftige praktische Energiedichte über die Zeit und Akku-Kapazität nicht ändert.

Herausforderungen von Li-Ionen-Akkus

"Die Autoindustrie gibt die für Massentauglichkeit nötige Reichweite normalerweise mit 500 Kilometer an", behauptet Christian Chimani, Leiter des Mobility-Departments am Austrian Institute of Technology (AIT) [Vgl. Futurezone (2014)]. Dies wäre mit Lithium-Ionen-Akkus zwar theoretisch möglich, hätte aber entscheidende nachteilige Einflüsse auf Gewicht, Fahrperformance, Preis, Verbrauch und Größe des Autos. Am Beispiel des VW eGolf wäre dafür ein Akku mit einer Kapazität von 83,45 kWh notwendig. Das bedeutet ein Mehrgewicht von 779 kg, mit einem Aufpreis von ca. 20.737 EUR und einem ca. 3,45-mal so großem Bauvolumen für den Energiespeicher. Letzteres hätte eine Dezimierung des Kofferraumes, der Fahrgastzelle oder eine Erhöhung der Maße und Gesamtgewicht des Fahrzeuges zur Folge. Würde man den VW eGolf auf das konventionelle Äquivalent, dem *VW Golf 1.6 TDI BlueMotion Trendline (DPF)*, mit einer Reichweite von 1.315 km, parametrieren, erhöhen sich die errechneten Werte nochmals um den Faktor 2,63. Die Berechnungen erfolgten unter der Annahme eines Akkupreises von 350 EUR/kWh (siehe *Kapitel 4.1.3.*) und den Herstellerangaben für Reichweite und Akkugewicht (siehe Tabelle 4 auf Seite 19).

Die größten technischen Herausforderungen der Lithium-Ionen-Technologie sind:

- geringe gravimetrische Energiedichte im Vergleich zu konventionellem Kraftstoff (Diesel 11.600 Wh/kg)
- niedrigere volumetrische Energiedichte als bei Benzintanks (Diesel 9.700 Wh/l)
- hohe Materialkosten

- hohe Ladedauer
- Ladestromstärke muss in Abhängigkeit der Akku-Temperatur bestimmt werden
- Schnellladungen unter 0°C, sowie hohe Temperaturen beschleunigen den Alte-rungsprozess
- Reduzierung der Reichweite durch Heizen und Kühlen des Fahrgastraumes, sowie durch das Fahren bei niedrigen Temperaturen
- kurze Lebensdauer durch kalendarische und zyklische Alterungsprozesse

Damit sind zugleich einige der zentralen Aspekte angesprochen, die immer wieder Anlass geben, den Einsatz von Lithium-Ionen-Akkus im Bereich der Elektromobilität kritisch zu betrachten.

Aktuell verwendete Materialien

Bei der Produktion von Lithium-Ionen-Akkus sind rund 300 verschiedene Material-verbindungen möglich, mit vielfältigen Auswirkungen auf die Eigenschaften des Speichers. Der Auftrag der Forschung lautet deshalb, die ideale Mischung zu finden.

Die heute verfügbaren Anodenmaterialien bestehen in der Regel aus Kohlenstoff-verbindungen, wie Graphiten, Soft- und Hard-Carbon oder Silizium-Kohlenstoff. Die Kathode besteht meist aus oxidischen Übergangsmetallverbindungen wie LiCoO2 (Lithium-Kobalt-Oxid), Li-NMC (Lithium-Nickel-Mangan-Kobalt-Oxid), LiFePO4 (Lithium-Eisen-Phosphat) oder LiMn2O4 (Lithium-Mangan-Oxid) [Vgl. Korthauer (2013), S. 31ff.]. Diese Materialien stellen bisher immer einen Kompromiss zur Erreichung der verschiedenen Anforderungen an einen automobilen Energiespeicher dar. Im Rahmen der Nationalen Plattform für Elektromobilität (NPE) hat die beteiligte Industrie Zielanforderungen für 2014 und 2020 für batterieelektrische Stadtfahrzeuge formuliert (siehe Abbildung 13), um die Akkutechnologie in Elektrofahrzeugen langfristig im Markt zu etablieren [Vgl. NPE a (2010), S. 8].

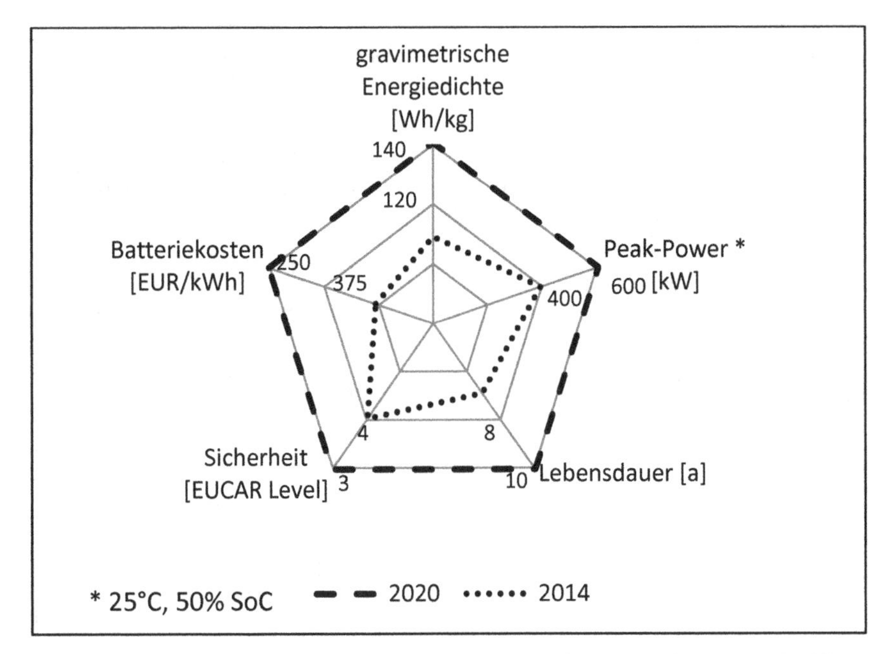

Abbildung 13: Anforderungen die die NPE für Batterien in Elektrofahrzeugen für 2014 und 2020 formuliert hat, eigene Darstellung nach NPE a (2010), S. 8

Abbildung 14 zeigt ergänzend einen qualitativen Vergleich der derzeitig verwendeten Kathodenmaterialien hinsichtlich der Zielanforderungen der NPE. Konkrete Zahlenwerte wurden an dieser Stelle nicht angegeben, da jeder Automobilhersteller andere Randbedingungen aufweist und die Materialien dementsprechend, gemäß ihrer spezifischen Modellstrategie, unterschiedlich ausgelegt werden können. Die Übersicht dient der Orientierung und Klassifizierung und zeigt, dass jedes Material andere Stärken und Schwächen besitzt. Keines kann heute allen Zielanforderungen gleichzeitig gerecht werden. Dementsprechend ist für jeden Einsatzzweck das richtige Material zu bevorzugen. Auch für die Anode gibt es aktuell kein Material welches alle notwendigen Eigenschaften vereint.

Die Elektrodenmaterialien stellen einen entscheidenden limitierenden Faktor dar. Nach dem heutigen Stand der Technik wurde zwar die gravimetrische Energiedichte von 140 Wh/kg bereits erreicht. Jedoch sind weitere Optimierungs- und Entwicklungsaktivitäten notwendig, um die Ziele für das Jahr 2020 aus Abbildung 13 erreichen zu können.

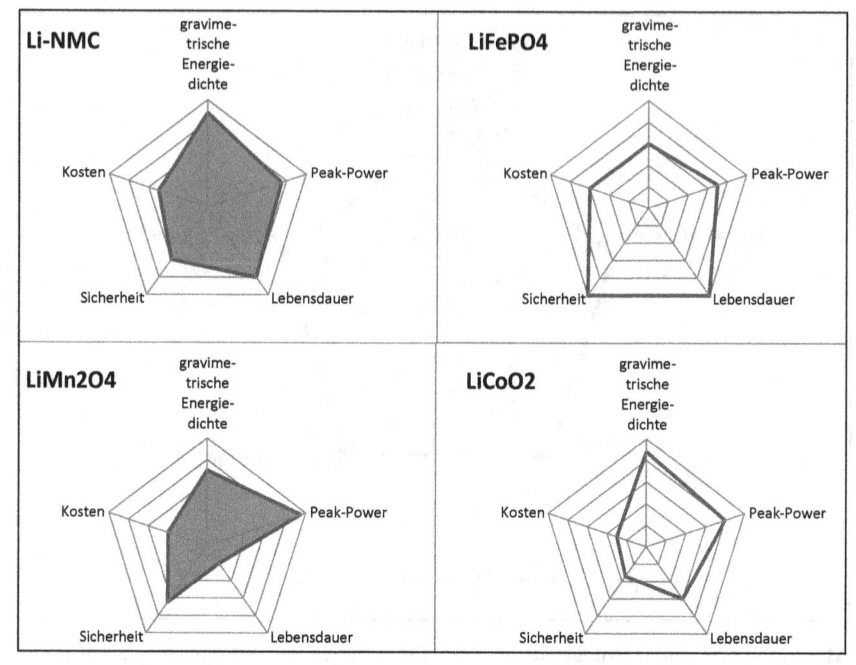

Abbildung 14: Stärken und Schwächen der derzeitig verwendeten Kathodenmaterialien im qualitativen Vergleich, eigene Darstellung nach Korthauer (2013), S. 42

4.1.3 Forschung und Entwicklung zur Verbesserung der Lithium-Ionen-Technologie

Über Forschungs- und Entwicklungsbedarf von Lithium-Ionen-Batterien ist noch vor wenigen Jahren kaum in den Medien berichtet worden, weil es dazu wenig Anlass gab [Vgl. Elektromobilitaet (2015)]. Mit der Thematisierung der Elektromobilität seit dem Nationalen Entwicklungsplan Elektromobilität (NEP), welcher von der Bundesregierung am 19. August 2009 beschlossen wurde, ist die Akkutechnik in den Blickpunkt der Öffentlichkeit geraten. In diesem Plan wird in Aussicht gestellt, die Akkutechnologie und die Technologien für rein elektrische Antriebe, neben der Brennstoffzellen-Technologie, verstärkt zu fördern. Der NEP ist Grundlage des heute zentralen Gremiums Nationale Plattform Elektromobilität (NPE). Verfolgt wird das Ziel, weltweiter Leitmarkt und Leitanbieter der Elektromobilität zu werden [Vgl. Regierungsprogramm (2011)]. Seitdem leisten sowohl Automobilhersteller, Zuliefererfirmen und Forschungsinstitute, als auch die Bundesregierung Anstrengungen, dieses Ziel zu erreichen. *"Wir haben 1,4 Milliarden Euro für den gesamten Bereich Elektromobilität zur Verfü-*

gung gestellt" [Bundesregierung (2015)] berichtete Bundeskanzlerin Merkel zur Nationalen Konferenz „Elektromobilität – Stark in den Markt" am 15. Juni 2015 in Berlin.

Geforscht wird an Lithium-Ionen-Akkus schon seit 40 Jahren [Vgl. Spektrum (2014)]. Inzwischen hat sich die Situation durch den Einsatz finanzieller Zuwendungen für Forschungs-, Entwicklungs- und Demonstrationsvorhaben erheblich verbessert. Für den gegenwärtigen Entwicklungsstand kann festgehalten werden, dass aufgrund der jahrelangen Weiterentwicklungen ein Stand der ausgereiften Entwicklung von Lithium-Ionen-Akkus erreicht worden ist. So gibt es bspw. keinen Memory-Effekt mehr, wie in früheren Versionen. Außerdem haben sich Lebensdauer der Entladungszyklen sowie Sicherheit stark verbessert. Die Herausforderungen der Li-Ionen-Technologie (Seite 41) geben jedoch Anlass weitere Forschungs- und Entwicklungsbemühungen zur Verbesserung der Elektromobilen Technologien anzustreben.

Es wird sowohl an bereits marktfähigen Produkten (z.B. Lithium-Ionen-Akkus) sowie neuen Technologien (z.B. Lithium-Schwefel-Akkus) geforscht. Gegenstand der Forschungen sind hauptsächlich neue Materialien für die Elektrodenoberflächen, die Elektrolyten und die Separatoren. Damit werden Verbesserungen in den Bereichen Energiedichte, Lebensdauer, Ladedauer und Herstellkosten in Aussicht gestellt. Im Folgenden werden aktuelle Forschungsprojekte und deren Ziele vorgestellt. In *Kapitel 4.4.* werden die Ergebnisse zusammenfassend dargestellt.

Energiedichte

Gravimetrische Energiedichte

Die Robert Bosch GmbH kündigte im März 2015 an, bis 2020 Li-Ionen-Akkus der zweiten Generation mit einem Energiegehalt von 280 Wh/kg gravimetrisch und 417 Wh/l volumetrisch fertigen zu können. Gleichzeitig soll der Verkaufspreis auf die Hälfte sinken. Damit könnte sich die Reichweite verdoppeln und der Preis eines Elektroautos auf das Niveau eines vergleichbaren Verbrenners sinken. Hintergrund der Leistungssteigerung sind Verbesserungen an der Zellchemie und der Zellspannung. Bosch prüft derzeit neue Kathodenmaterialien, die über die Leistungswerte der bisher gebräuchlichen Materialien hinausgehen. Sogenannte Hochvolt-Elektrolyte wirken Leistungssteigernd, indem sie die Zellspannung auf bis zu 5 Volt erhöhen [Vgl. Bosch (2015)].

Das Fraunhofer IWS in Dresden behauptet, der limitierende Faktor der Li-Ionen-Technologie sei das Kathodenmaterial. Entwicklungsperspektiven sieht das Institut durch Verdichtung der Materialzusammensetzung, höhere Schichtdicke und Verringerung des Anteils an Inaktivmaterial. Das Institut hält eine Steigerung der gravimetrischen praktischen Energiedichte von ca. 160 Wh/kg auf maximal 250 Wh/kg für realistisch [Vgl. Fraunhofer IWS (2014)].

Tabelle 8: Angaben verschiedener Quellen zur Entwicklung der theoretischen gravimetrischen Energiedichte von Li-Ionen-Akkus, eigene Darstellung

Prognosejahr	theoretische gravimetrische Energiedichte in Wh/kg	Quelle
2017	400	JCESR [Vgl. energy.gov (2012)]
2018	250	KIT [Vgl. competence-e.kit.edu (2015)]
2020	280	Bosch Gmbh [Vgl. bosch-presse.de (2015)]
2025	300	RWTH Aachen [Vgl. Zeit.de (2014)]
unbestimmt	250	VW AG [Vgl. emobility.volkswagen.de (2015)]
unbestimmt	250	Fraunhofer IWS [Vgl. Fraunhofer IWS (2015)]
unbestimmt	300	[Vgl. Tschöke (2015), S. 190]

2012 gaben die Vereinigten Staaten dem Joint Center for Energy Storage Research (JCESR) am Argonne National Laboratory nahe Chicago ein Budget in Höhe von 120 Millionen US-Dollar, um die Lithium-Ionen-Technologie zu optimieren. In rund fünf Jahren sollen neue Akkumulatoren entstehen, die in den Dimensionen eines handelsüblichen Akkus für Elektroautos eine fünfmal höhere Energiedichte aufweisen und fünfmal preisgünstiger sind als der gegenwärtige Standard. Bis zum Jahr 2017 will man eine Energiedichte von 400 Wh/kg erreichen [Vgl. Energy (2012)].

Neben den drei vorgestellten aktuellen Forschungsbemühungen können weitere Prognosewerte für die gravimetrische Energiedichte ermittelt werden (siehe Tabelle 8). Einige dieser Werte besitzen kein Bezugsjahr. Die jeweiligen Quellen gehen jedoch davon aus, die Werte innerhalb der nächsten Dekade zu erreichen. Aufgrund der geringen Anzahl von Werten mit konkreten Zeitvorgaben, wurde kein statistischer Trendlinienverlauf erstellt. Anhand der Ergebnisse kann davon ausgegangen werden, dass bis 2025 eine Verbesserung der gravimetrischen Energiedichte auf 250 bis 300 Wh/kg zu erreichen ist. Für den grafischen Überblick der Entwicklung technischer Kriterien der BEV-Technologie (*Kapitel 4.4*) wird der Mittelwert von 275 Wh/kg gewählt.

Volumetrische Energiedichte

Korthauer und die Robert Bosch GmbH erwarten in den nächsten Jahren keine Steigerung der volumetrischen Energiedichte von Li-Ionen-Akkus [Vgl. Korthauer (2013), S. 200; Bosch (2015)]. Diese These wird durch eine Betrachtung

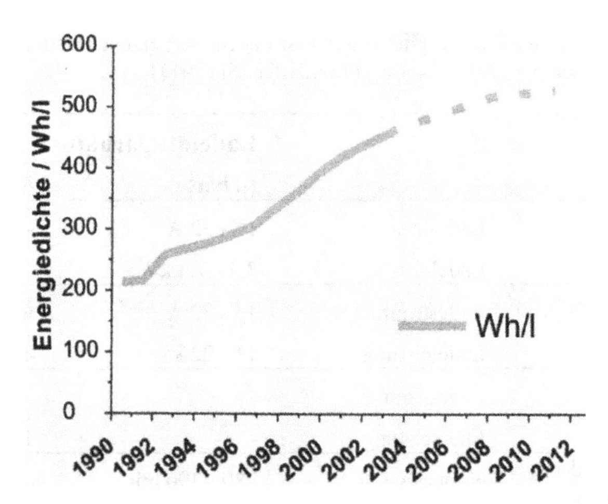

Abbildung 15: Zeitliche Entwicklung der mittleren volumetrischen Energiedichte von Li-Ionen-Zellen; Abbildung verändert nach Broussely (2004), S 96

der historischen Entwicklung der volumetrischen Energiedichte bestätigt (Abbildung 15). Von 1991 bis 2005 konnte die Energiedichte mehr als verdoppelt werden. In der letzten Dekade gab es jedoch keine signifikanten Verbesserungen mehr. Daher wird davon ausgegangen, dass die volumetrische Energiedichte auch zukünftig nicht gesteigert werden kann und, je nach Auslegung, zwischen 350 und 500 Wh/l beträgt.

Betankungsdauer (Ladedauer)

Die Ladedauer ist abhängig von der verfügbaren Ladeleistung der Ladestation und den Grenzen der Ladebetriebsbedingungen. Letzteres wird maßgeblich durch die Akku-Zellchemie bestimmt.

Die Ladeleistung (Einheit: kW) ist die entscheidende Größe. Sie wird aus dem Produkt des verfügbaren Ladestroms und der anliegenden Spannung berechnet. Am Beispiel des VW eGolf entspricht die Mindestladedauer am privaten Hausanschluss 6,5 Stunden (390 Minuten) bei maximal 3,7 kW Ladeleistung. Allerdings ist dafür eine, nicht im Kaufpreis enthaltene, Wallbox notwendig die eine höhere Ladeleistung als handelsübliche Schuko-Stecker aufweist. Das Laden per Schuko-Stecker nach CEE 7/4 Standard beträgt ca. 13 Stunden (780 Minuten) bei ca. 2 kW möglicher Dauerladeleistung. Für Elektroautos wird dies jedoch nicht empfohlen, da sich Schuko-Stecker, aufgrund der starken Wärmeentwicklung und Brandgefahr, nicht für derartige Dauer-Belastungen eignen [Vgl. Focus (2014)]. Die errechneten Werte gelten unter der Annahme, dass die Ladeleistung kontinuierlich an den Akkumulator abgegeben wird. In der Realität

Tabelle 9: Konduktive Lademöglichkeiten und Ladedauer; eigene Darstellung angelehnt an Tschöke (2013), S. 149, Fraunhofer ISI (2011)

		Ladeinfrastruktur	
		privat	**öffentlich**
Einphasig (AC)	Ladestrom	16 - 32 A	-
	Ladeleistung	3,7 - 7,4 kW	-
Dreiphasig (AC)	Ladestrom	16 - 32 A	63 A
	Ladeleistung	11 - 22 kW	43,5 kW
Zweipolig (DC)	Ladestrom	-	200 A
	Ladeleistung	-	170 kW
theoretische Ladedauer bei einem 24,2 kWh-Akku (VW eGolf) *	einphasig (AC)	780 - 390 min	-
	dreiphasig (AC)	132 - 66 min	34 min
	DC	-	9 min

kann das technisch nicht geleistet werden. Die Ladestromstärke muss in Abhängigkeit der Temperatur des Akkumulators bestimmt werden. Je höher die Ladeleistung, desto schneller bewegen sich die Elektronen und Ionen in den Akkuzellen und desto stärker erwärmt sich der Akku. Eine erhöhte Verlustleistung und eine beschleunigte Alterung sind die Folge. Außerdem werden die letzten 20 % Kapazität, bedingt durch die Zellchemie, mit geringerer Ladeleistung geladen. Zur Einhaltung der Ladebetriebsbedingungen und Optimierung des Ladevorganges kommt in der Regel ein Lademanagementsystem zum Einsatz. VW gibt eine reale Ladedauer mit Wallbox von acht Stunden (480 Minuten) für eine Volladung an [Vgl. emobility.volkswagen.de (2015)]. Auf welche Art und mit welchem technischen Equipment geladen werden kann, wird in Tabelle 9 zusammengefasst.

Zum derzeitigen Stand der Technik kann auf drei unterschiedliche Arten geladen werden. Die konventionellste Art ist das konduktive Laden. 2017 soll es die ersten induktiv ladefähigen Elektroautos geben [Zeit (2015)]. Der Wechsel eines entladenen durch einen aufgeladenen Akkumulator stellt die dritte Variante dar. Die schnellsten Ladeergebnisse sind bisher mit den kabelgebundenen Ladetechnologien möglich. Ein Akkuwechsel ermöglicht zwar kurze Stopps und eine schnelle Weiterfahrt, jedoch besteht eine große Herausforderung in der Standardisierung der Akkus und die Kosten eines Wechselsystems sind sehr hoch. Es kann am hauseigenen Stromanschluss, sowie halböffentlich und öffentlich geladen werden. Öffentliche Ladestationen werden meist von Energieversorgern oder der Stadt bereitgestellt und sind für jeden zugänglich. Halböffentliche Stationen liegen in der Regel in gewerblicher Hand. Sie befinden sich ebenfalls im öffentlichen Raum sind aber einer bestimmten Personengruppe vorbehalten (z.B. Mitarbeitern eines Kurierdienstes). Öffentliche Ladestationen besitzen ein technisch aufwendigeres und kostenintensiveres Equipment mit dem höhere Ladeleistungen möglich sind.

AC-Ladeboxen sind entweder mit einphasigen oder mit dreiphasigen Ladesteckern ausgestattet. Letztere haben den Vorteil mit höherem Ladestrom laden zu können, bei Reduzierung der Ladedauer. State-of-the-Art der Ladetechnologie stellen Gleichstrom-Schnellladestationen mit zweipoligen Anschlusssteckern dar. Diese können einen Akkumulator, wie er im VW eGolf verbaut wird, innerhalb von 30 Minuten auf 80 % SoC beladen. Es wird die Annahme getroffen, dass sich die Ladedauer für eine vollständige Ladung, aufgrund der verringerten Ladeleistung ab 80 % SoC, auf ca. 60 Minuten erhöht. Es gilt: Je höher die Ladeleistung der Ladestation, desto höher die Kosten [Vgl. Korthauer (2013)].

Die maximal mögliche Ladeleistung hängt von den örtlichen Netzbetreibern und deren Bestimmungen für private Hausanschlüsse und Stromanschlüsse in öffentlichen Räumen ab. Wird bspw. an einem Eigenheim ein Stromfluss bis zu 32 Ampere pro Phase gewährleistet, kann eine maximale Ladeleistung von 22 kW vom Akkumulator aufgenommen werden. Bei öffentlichen Ladestationen sind dagegen Ladeleistungen zwischen 43,5 und 170 kW möglich. Die errechneten Werte für die Ladedauer aus Tabelle 9 gelten unter der Voraussetzung, dass permanent mit maximaler Ladeleistung geladen wird.

Von einigen Experten wird die Meinung vertreten, dass Schnellladungen zu Schäden am Akkumulator führen. Es liegen bisher nur wenige Dauertesterfahrungen von DC-Schnellladungen vor. Relevante Ergebnisse liefert das Karlsruher Institut für Technologie im Rahmen des Projekts "RheinMobil". In Langzeittests zeigte sich, dass *"[...] bei ausschließlicher Schnellladung kein Spannungsausgleich zwischen den einzelnen Batteriezellen erfolgte (passives Balancing): Die Zellen der Batterie wurden unterschiedlich stark ge- und entladen, damit hätte sich die nutzbare Kapazität der Batterie langfristig verringert. Die Lösung: Bei längeren Stillstandzeiten des Fahrzeugs – etwa über Nacht – setzt RheinMobil nun auf konventionelles Laden"* [KIT a (2014)]. Der Akkumulator wird also mit langsamer Ladung geschont. Tschöke thematisiert ebenfalls die Gefahr von hohen Ladeströmen. Bei Schnellladungen unter 0° C kommt es zu metallischen Lithiumablagerungen. Diese beschleunigen den Alterungsprozess und die Gefahr von inneren Kurzschlüssen erhöht sich [Vgl. Tschöke (2013), S. 170]. Sterbak geht noch einen Schritt weiter: Um die Akkumulatoren zu schonen, sollten heutige Akkumulatoren lediglich mit einer Laderate von etwa einem Drittel der eigenen Kapazität geladen werden [Vgl. Sterbak (2010), S. 35]. Ein 24,2 kWh-Akku soll demnach mit maximal 8 kW Ladeleistung belastet werden. Das treibt die Schnellladedauer von einer Stunde auf drei Stunden hoch.

Forschung und Entwicklung zur Reduzierung der Ladedauer

Das japanische Start-up Unternehmen Power Japan Plus (PJP) hat einen neuartigen Kohlenstoff-Akkumulator, namens „Ryden Dual Carbon Battery", entwickelt. Dieser soll im Vergleich zu Lithium-Ionen-Akkus sicherer und preiswerter sein. PJP wirbt mit 3.000 möglichen reversiblen Ladezyklen, einer gravimetrischen Energiedichte ähnlich der von Li-Ionen-Zellen und einer bis zu 20-fach schnelleren elektrischen Aufladung. Anode und Kathode bestehen nicht aus Metall sondern aus biologisch hergestelltem Karbon. Der Elektrolyt wird ebenfalls aus organischen Chemikalien hergestellt [Vgl. PowerJapanPlus (2015)]. Damit ist der Akku vollständig recyclebar. Seit diesem Jahr soll die Serienproduktion für den Einsatz in medizinischen Geräten und Satelliten beginnen. Das Unternehmen strebt, nach eigenen Aussagen, auch den Verkauf an EV-Hersteller und Zulieferer an.

Die Nanyan Technology University in Singapur kündigte 2014 an, eine neue Anode für die Lithium-Ionen-Zelle entwickelt zu haben. Mit dieser Technologie sei es möglich, 70 % Ladung in nur zwei Minuten zu erreichen. Ein Elektroauto könne in 15 Minuten komplett geladen werden, wobei nicht über die Batteriekapazität und Ladeleistung berichtet wurde. Außerdem sei eine höhere Reichweite und über 10.000 reversible Ladezyklen möglich. Das entspricht einer Lebensdauer von ca. 20 Jahren. Die Anode soll ein Gel aus Titandioxid enthalten. Dieses Material ist weder teuer, noch selten und wurde in Form kleiner Röhren (Nanotubes) gefertigt, deren Durchmesser etwa ein Tausendstel eines menschlichen Haares betragen. Der hohe Ladestrom wird ermöglicht weil, die Anode keine Additive benötigt um die Elektronen an der Anode zu binden. Die Technologie soll, nach eigenen Angaben, bis 2017 zur Marktreife entwickelt werden [Vgl. Slate (2014)]. Unter anderem besteht noch Forschungsbedarf bezüglich der Wärmeentwicklung bei Schnellladevorgängen, sowie Alltagstauglichkeits-Tests.

Zusammenfassung Entwicklungspotenzial der Ladedauer

Gemäß dem heutigen Stand der Technik ist die Ladeleistung von Li-Ionen-Zellen aufgrund der schädigenden Wirkung von Schnellladungen und der hohen Kosten für das Ladeequipment eingeschränkt. Allein die Wallbox kostet, am Bsp. der Wallbox Pure der BMW AG, je nach Ausstattung zwischen 895 Euro und 2.200 Euro, zzgl. Einbau- und Überführungskosten (Stand: Juli 2015) [Vgl. BMW (2015)]. Ladestationen höherer Ladeleistung und mehrphasiger Ausstattung kosten ein Vielfaches mehr und sind daher für Privatkäufer zum aktuellen Zeitpunkt nicht praktikabel. Hoffnungsträger zur Verbesserung der Verträglichkeit hoher Ladeströme sind neue Materialien für Anode, Kathode und Elektrolyt. Power Japan Plus und Nanyang Technology University sind zwei der wenigen Einrichtungen die in Richtung Ladedauer-Reduzierung forschen. Jedoch wird den Ankündigungen mit Skepsis begegnet, da die Zielwerte - 10.000 Ladezyklen, 20-fach schnellere Ladung und eine Marktreife für die Jahre 2015 – 2017 - sehr ambitioniert erscheinen. Namhafte, forschende Einrichtungen - wie das KIT, das Fraunhofer Institut, die Robert Bosch GmbH, die Siemens AG -, akademische Einrichtungen sowie die Autoren der verwendeten Literatur (z.B. Korthauer, Tschöke, Keichel/Schwedes) publizieren bisher keine Beiträge zum Einfluss neuer Zellmaterialien auf die Ladedauer bzw. Verträglichkeit hoher Ströme. Aus diesen Gründen wird, entgegen der Ankündigungen der beiden genannten FuE-Aktivitäten, eine Reduzierung der Ladedauer im DC-Schnellladebetrieb, auf maximal die Hälfte des bisherigen Wertes angenommen. Eine Vollladung könnte in 30 Minuten erfolgen; die Ladung auf 80 % SoC in 15 Minuten. Werden diese Werte bei akzeptabler Akku-Lebensdauer erreicht, ist es denkbar, dass EV-Besitzer gänzlich auf langsame AC-Ladung am hauseigenen Anschluss verzichten können. Voraussetzung dafür ist der infrastrukturelle Ausbau von Schnellladestationen, um ein Betanken an öffentlichen Ladestationen aller EV-Besitzer, ähnlich dem Tankverhalten von ICE-Fahrzeugen, zu gewährleisten. Höhere Ladeleistungen an privaten Hausanschlüssen sind technisch möglich, aber kostenintensiv. Steigt die Nachfrage nach Elektroautos und Ladestationen, ist von einem Preisverfall aufgrund von Skaleneffekten auszugehen. Unsicher bleibt die Verträglichkeit der Akku-Zellen bei dauerhaft hohen Ladeströmen. Recherchen haben keinen positiven Ausblick auf eine Verbesserung der technischen Situation gegeben. Demnach wird von keiner Reduzierung der konventionellen AC-Ladedauer für Li-Ionen-Akkus bis zum Jahr 2025 ausgegangen.

Auch andere Technologien, wie z.B. Li-S-Akkumulatoren, besitzen nicht das Potenzial einer geringeren Ladedauer. Die Stärke von Li-S-Zellen ist die hohe Energiedichte, weniger die Leistungsdichte. Hohe Ströme sind für diese Technologie ebenso ungeeignet. Die Ladedauer liegt daher auf ähnlichem Niveau wie bei Li-Ionen-Zellen.

Lebensdauer

Ausfallhäufigkeit und Konstanz der funktionalen Eigenschaften des Akkumulators sind entscheidende Kundenanforderungen. Sie beeinflussen stark die Kosten des Automobils. Die Lebensdauer wird definiert als die Zeitspanne zwischen Auslieferung und dem Zeitpunkt, an dem ein Kriterium einen zuvor definierten Wert unterschreitet. Die Komponente gilt dann als defekt bzw. ungeeignet für die weitere Verwendung. Beispielsweise definiert Renault das Ende der Lebensdauer bei 75 % der maximalen Ladekapazität. Renault bietet deshalb beim Kauf des Modell ZOE ein spezielles Leasingmodell für den Akkumulator an.

Unterschreitet die Leistungsfähigkeit des Energiespeichers im Leasingzeitraum einen Grenzwert von 75 %, so tritt der Garantiefall ein und der Kunde bekommt den Akkumulator ersetzt [Vgl. Renault (2015)].

Die Gründe für die Alterung liegen im Kapazitätsverlust und einer Erhöhung des Innenwiderstandes über die Zeit. Durch chemische Reaktionen im Betrieb werden die Kristallstrukturen des Aktivmaterials zerstört und es entstehen isolierende Schichten auf den Grenzflächen zwischen Elektrolyt, Aktivmaterialien und den Ableitern. Darüber hinaus kommt es zu ungewollten inneren mechanischen Belastungen. Diese werden durch Volumenänderungen beim Ein- und Ausspeichern von Lithium hervorgerufen. Dadurch können Teile der Elektroden abblättern [Vgl. Korthauer (2013), S. 408 ff.].

Es wird zwischen der kalendarischen und der zyklischen Alterung unterschieden. Die kalendarische Alterung erfolgt in Abhängigkeit der Temperatur, ohne Einfluss des Stromflusses. Eine Erhöhung der Temperatur um nur 10°C halbiert die Lebensdauer [Vgl. fraunhofer.de (2012)]. Je höher die Lade- und Entladeströme, desto stärker erwärmt sich der Akkumulator. Dauerhaft hohe Temperaturen beschleunigen die Alterung. Es kommt zu chemischen Zersetzungen der Aktivmaterialien bis hin zur Entstehung von Zersetzungsprodukten wie H_2, CO, CH_4, toxischen Verbindungen und gesundheits-gefährdenden Stoffen. Höhepunkt der thermischen Überlastung bildet der so genannte Thermal Runaway. Dieser führt zur unkontrollierten Zellerhitzung bis hin zum Zellbrand.

Die zyklische Alterung erfolgt dagegen in Abhängigkeit der Entladetiefe (Depth of Discharge, DOD). Je tiefer die Entladungen, desto kürzer wird die Lebensdauer.

Es ist hinzuzufügen, dass Lebensdauer-Tests Monate bis Jahre benötigen, selbst bei stark beschleunigten Verfahren. Aus diesem Grund liegen bisher nur geringe Erfahrungen und eine geringe Genauigkeit über die Lebensdauer der Energiespeicher in Elektromobilen vor [Vgl. Korthauer (2013), S. 412]. Aufgabe der Forschung ist es, die komplexen Zusammenhänge zwischen kalendarischer und zyklischer Alterung (Temperatur, Spannungslage, Zyklenzahl, Zyklentiefe, Stromstärke) zu untersuchen.

Forschung und Entwicklung Lebensdauer

Das Karlsruher Institut für Technologie (KIT) erforscht seit 2013 in einem dreieinhalbjährigen Projekt das Alterungsverhalten von Li-Ionen-Akkus für Elektrofahrzeuge. Die Wissenschaftler versuchen ein besseres Verständnis für die Alterung zu erhalten und streben bis zum Jahr 2017 eine Lebensdauer von mindestens 4.000 Zyklen bei 80 % Entladetiefe über 10-15 Jahre an. Die Projektkosten von ca. 11,5 Millionen Euro werden in die Forschung und Entwicklung neuartiger Zellkonzepte, basierend auf neuen Prozessen und Materialien, investiert. Dabei sollen die Anforderungen Sicherheit sowie wirtschaftliche und ökologische Aspekte berücksichtigt werden [Vgl. KIT b (2013)]. Den Forschern der Siemens AG ist es gelungen, im Rahmen des Verbundprojektes „Eigensichere Batterie (EiSiBatt)“, eine neue Zellchemie zur Anwendungsreife zu entwickeln. Diese Zellen besitzen sehr gute Sicherheitsmerkmale und eine hohe Lebensdauer von 20.000 Ladezyklen. Neben einem optimierten Batteriemanagement-Systems, wird eine Lithiumtitanat-Anode und eine Lithiumeisenphosphat-Kathode eingesetzt [Vgl. Siemens (2014)]. Die VW AG gibt derzeit eine achtjährige Garantie auf die Fahrzeugbatterie, bei 3.000 prognostizierten Ladezyklen [Vgl. emobility.volkswagen.de (2015)]. Siemens erhöht die Lebensdauer also mindestens um Faktor sechs. Der Akkumulator müsste dann nicht schon nach 8-10 Jahren, sondern erst nach 48 Jahren ausgewechselt werden.

Für den weiteren Verlauf der Arbeit wird die Annahme getroffen, dass die Lebensdauer des Akkumulators, die des Fahrzeuges übersteigt.

Erhöhter Innenwiderstand im Winter

Anders als bei konventioneller Antriebstechnik ist die mögliche maximale Leistungsabgabe des Akkumulators stark abhängig von deren aktueller Temperatur. Sinkt diese, steigt der Innenwiderstand und die Leistung verringert sich. Die Leistung einer Lithium-Ionen-Zelle sinkt bei einer Verringerung der Temperatur von 30°C auf -25°C progressiv um den Faktor 3,5 von ca. 1050 Watt auf 300 Watt (50 % SoC) [Vgl. Korthauer (2013), S. 408]. Die Zelle kann also bis zu 70 % ihrer möglichen Leistung verlieren. Die DEKRA untersuchte im Jahr 2011 im Prüflabor den Reichweitenverlust eines Citroen C-Zero in Abhängigkeit einer Temperaturreduzierung von 22 °C auf 5 °C. Es stellte sich heraus, dass die Kapazitätsverluste an der Hochvoltbatterie von 20 % auf 48 % anstiegen. In Kombination mit den Verlusten an der Leistungselektronik, Antriebsstrang und durch Beheizung der Fahrgastzelle ergab der Test eine Halbierung der Reichweite von 139 km auf 65 km [Vgl. DEKRA a (2015)]. Eine weitere Abhängigkeit des Kapazitätsverlustes besteht zum Ladezustand. Je niedriger der Ladezustand, desto höher ist der Innen-widerstand. Zur Kompensierung des Verlustes werden die Fahrzeuge oft überdimensioniert, wodurch die Kosten steigen. Zusätzlich wird ein Wärmemanagement-System eingesetzt um eine gleichmäßige Betriebstemperatur zu gewährleisten. Das stellt jedoch keine Lösung des Problems selbst dar.

Es besteht erheblicher Entwicklungsbedarf in der Optimierung der Abhängigkeit der Leistung von Temperatur und Ladezustand. Die bestimmende Größe für die mögliche Leistungsabgabe ist dabei der Innenwiderstand. Der Innenwiderstand hängt von Temperatur und dem State of Charge (SoC), dem Ladezustand, ab. Nehmen diese beiden Werte ab, steigt der Innenwiderstand. Die chemisch-physikalischen Eigenschaften des Akkumulators müssten so verändert werden, dass die Abhängigkeit des Innenwiderstandes so weit wie möglich reduziert wird. Die Vorteile liegen auf der Hand: Eine Reduzierung bedeutet eine Verbesserung des Wirkungsgrades des Akkumulators und eine Verringerung des notwendigen Heizbedarfs bei kühlen Temperaturen. Das kommt den Kosten, technischen Aufwand für Wärmemanagement, dem Gewicht und Bauvolumen sowie der Reichweite zu Gute.

Forschung und Entwicklung zur Reduzierung der innenwiderstandbedingten Reichweitenverluste
Im Rahmen dieser Arbeit konnten keine nennenswerten Forschungsprojekte identifiziert werden, die die Abhängigkeit zu Außentemperatur und SoC erforschen. Es konnten qualitative Aussagen zur zukünftigen Entwicklung dieser Anforderung vom Fraunhofer ISI festgestellt werden. im Rahmen der "Innovationsallianz LIB 2015" arbeitet Ein Team aus zahlreichen Forschern seit 2007 an der Weiterentwicklung der Lithium-Ionen-Technologie. 2010 wurde die "Technologie Roadmap Lithium-Ionen-Batterien 2030" veröffentlicht, in der die Temperaturabhängigkeit verschiedener Technologien bewertet wurde (siehe Tabelle 10).

Tabelle 10: Bewertung der Entwicklungspotenziale Innenwiderstandbedingter Reichweitenverluste gegenüber dem Stand der Technik im Jahr 2010, eigene Darstellung angelehnt an Fraunhofer ISI (2010)

	2020	**2030**		
Li-Ionen-Zellen mit verbesserter Anode	0	k.A.	++	viel besser
Li-Ionen-Zellen mit verbesserter Kathode	k.A.	0	+	besser
Li-S	++	k.A.	0	gleich
Li-O2	k.A.	-	-	schlechter
			--	viel schlechter

An Lithium-Ionen-Zellen werden mittel- bis langfristig keine Verbesserungen erwartet. Sollten einmal mal Lithium-Schwefel-Akkus marktfähig werden, könnten diese eine Lösung darstellen.

Akku-Kosten
Der Akkumulator ist derzeit die mit Abstand teuerste Komponente eines Elektroautos. Ohne Akkumulator wäre die Herstellung eines BEV ähnlich teuer wie die eines vergleichbaren ICE-Fahrzeuges [Vgl. emobility.volkswagen.de (2015)]. Vor dem Hintergrund einer breiten Vermarktung, ist es notwendig die Kosten erheblich zu senken.

Die Kosten pro gefahrenen Kilometer liegen beim BEV sehr viel niedriger als bei Verbrennerfahrzeugen. Jedoch kann dieser Kostenvorteil nur bei Vielfahrern, wie bspw. Stadtbussen oder Lieferdiensten, mit täglich hoher Fahrleistung ausgenutzt werden. Zu diesem Ergebnis kam die P3-Ingenieurgesellschaft mbH in Zusammenarbeit mit dem online-Dienstleister electrive.net 2014 in der *"Total*

Cost Of Ownership Analyse Für Elektroautos". Den Angaben zufolge, liegen die monatlichen Gesamtkosten (TCO) für ein Kompaktklasse-BEV bei 603 EUR. Bei einem vergleichbaren ICE-Fahrzeug liegt der Wert bei 561 EUR [Vgl. P3 (2014)]. Allerdings liegen dieser Rechnung 15.000 km jährliche Fahrleistung und ein geringer monatlicher Wertverlust zu Grunde. Da BEVs, aufgrund der noch geringen Reichweite, eher auf Kurzstrecken genutzt werden, ist von weit geringeren jährlichen Fahrleistungen unter privaten Anwendern auszugehen. Der Wertverlust des BEV ist zum aktuellen Zeitpunkt höher anzusetzen, aufgrund der geringen Akku-Lebensdauer von ca. 8-10 Jahren (siehe Abbildung 16). Die TCO eines BEV werden daher noch höher sein.

Forschung und Entwicklung zur Senkung der Akku-Kosten
Wie in Abbildung 16 zu sehen ist, stellen die Rohmaterialien und Produktionsanlagen die größten Kostentreiber dar.

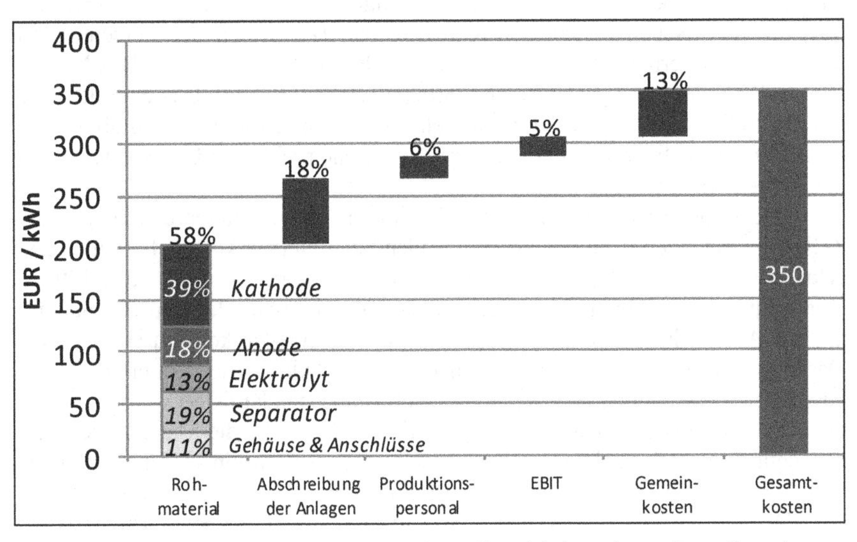

Abbildung 16: Aufteilung der Kosten bei der Zellproduktion; eigene Darstellung in Anlehnung an Roland Berger (2011), Stark (2014)

Die Unternehmensberatung Roland Berger Strategy Consultant sieht laut einer Studie Kostenreduzierungspotenzial vor allem im Kathodenmaterial [Vgl. Roland Berger (2011)]. Dieses entspricht 39 % der Zellmaterialkosten und 24 % der Gesamtzellkosten. Weitere Optimierungsmöglichkeiten sieht Roland Berger in den Herstellverfahren. Außerdem zeichnen sich Skaleneffekte ab. Durch steigende Stückzahlen können die Produktionskosten pro Stück reduziert werden.

Auch der stetig wachsende Wettbewerb trägt laut der Studie entscheidend zu Preissenkungen bei.

Aktuelle Forschungsunternehmen bestätigen die Thesen. Die derzeit in Serie angewandten Produktionsprozesse *"bieten [...] ein beachtliches Kostenreduzierungspotenzial"* [Fraunhofer IWS (2013)], stellt das Dresdner Fraunhofer Institut IWS in Aussicht. Hintergrund sei ein patentiertes, trockenes Elektroden-Herstellverfahren. Mit dieser Entwicklung sind Prozesszeiteinsparungen durch neue Schneidetechnologien für die Elektroden möglich. Weiteres Potenzial sieht das Institut in Fertigungs-Nebenkosteneinsparungen.

Die Wissenschaftler der Projektgruppe "Competence E" des Karlsruher Instituts für Technologie (KIT) möchten, neben der Suche nach neuen Materialien, vor allem die Produktionsverfahren und das Zelldesign vereinfachen [Vgl. KIT (2015)]. Bereits entwickelt worden sei ein Verfahren, mit dem man die Abfüllung und Verteilung der Flüssigkeit in den Akku erheblich optimieren könne. Akkumulatoren bestehen aus zahlreichen Lagen aus Plus- und Minus-Elektroden, mit dazwischen liegenden Trennschichten. Bestandteil der Forschung ist auch die Optimierung der damit verbundenen Produktionsverfahren. Das Material soll dann einfacher gestapelt und gefaltet werden können. Das Ziel des KIT ist, bis 2022 Akkusysteme zu entwickeln, die im industriellen Maßstab zu 250 EUR/kWh herstellbar sind und eine gravimetrische praktische Energiedichte von 250 Wh/kg erreichen.

Nach Korthauer stellen nationale und internationale Standardisierungen der Zellgeometrie einen weiteren entscheidenden Schlüssel zur kosteneffizienten und erfolgreichen Entwicklung von E-Autos dar [Vgl. Korthauer (2013), S. 199ff.]. Durch einheitliche Geometrien standardisierter Zellmodule können die Bauräume im Auto schon in der Konstruktionsphase schneller konfiguriert werden. Darüber hinaus können Subkomponenten des Akkus wie Kontaktierungen, Überwachungseinheiten und Steuergeräte ebenfalls standardisiert werden. Neben der, seit 2011 bestehenden DIN Spezifikation 9 1252, die die Maße verschiedener Zelltypen in ihren Dimensionen beschreibt, wird an einem internationalen Standard (ISO/IEC PAS 16898) zur Gestaltung der Zellgeometrie gearbeitet.

Der heutige Akku-Preis beträgt ca. 350 EUR/kWh [Vgl. Stark (2014)]. Legt man eine Akku-Kapazität wie im eGolf zu Grunde (24,2 kWh), können die aktuellen Kosten für diesen Akku auf 8.470 EUR geschätzt werden.

Um die Preisentwicklung abschätzen zu können, wird eine Metaanalyse zu Grunde gelegt. In dieser wurden veröffentlichte Schätzungen verschiedener Institute und Firmen zur zukünftigen Akkupreis-Entwicklung gesammelt (siehe Abbildung 17). Es wurden 10 namhafte Quellen mit 18 Schätzungen bis maximal zum Jahr 2020 erhoben. Für die Jahre 2021 bis 2025 sind zu wenige Daten vorhanden. Alle Experten erwarten eine deutliche Senkung der Preise über die

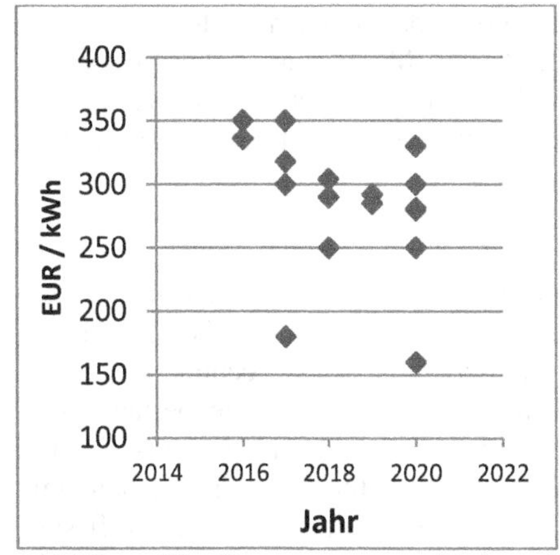

Quelle	Jahr	Akkupreis [€/kWh]
Jonson Controls (2012)	2017	350
Bloomberg New Energy Finance (2012)	2020	280
McKinsey & Company (2012) *	2020	160
batteriezukunft.de (2011)	2020	300
PIKE Research (2014)	2020	330
Korthauer (2013)	2020	250
Tesla (2013) *	2017	180
KIT a (2014)	2018	250
NPE (2011)	2016	350
	2017	300
	2018	290
	2019	285
	2020	280
Fraunhofer ISI (2013)	2016	336
	2017	318
	2018	304
	2019	292
	2020	281

Abbildung 17: Erwartungen verschiedener Experten zur Akku-Preisentwicklung bis 2025, unabhängig von den verwendeten Zellmaterialien; eigene Darstellung auf Datenbasis der nebenstehenden Tabelle

nächsten Jahre. Jedoch streuen die Angaben sehr stark. Das Bestimmtheitsmaß beträgt nur 0,13. In Bezug auf das Grundlagen-*Kapitel 2.4. Analyseverfahren der Statistik* können somit nur ca. 13 % der Y-Werte durch die Regressionskurve beschrieben werden. Nach Rücksprache mit einer Statistik-Expertin erscheint eine Prognose auf Basis dieser Regression nicht sinnvoll. Unklar ist auch, wie stabil die Aussagen der Experten sind, da diese sicher nicht genau auf ein Jahr prognostiziert haben und vermutlich z.B. dasselbe gesagt hätten, wenn sie nach einer Prognose für ein Jahr früher oder ein Jahr später gefragt worden wären.

Zusammenfassung Akkumulator-Kosten

In der Kosten-Analyse wird deutlich, dass Bemühungen bestehen die Produktionskosten zu senken. Wie stark die Kostenreduzierung von Lithium-Ionen-Akkus für den automobilen Markt sein wird, hängt sehr stark vom Marktvolumen, dem Wettbewerbsverhalten, sowie der Entwicklung von Standards ab. Eine quantifizierte Kostenentwicklung von Akkumulatoren kann aufgrund der starken Streuung der Expertenmeinungen nicht prognostiziert werden. Zweifellos wird der Akku-Preis in den kommenden Jahren jedoch sinken.

4.1.4 Zukunftstechnologien

Im Bereich der Grundlagenforschung für Energiespeicher bestehen aktuell zahlreiche Forschungsaktivitäten zur Verbesserung der Leistungsfähigkeit von Li-Ionen-Akkus (*Kapitel 4.1.3.*). Hierbei wird vor allem an neuen chemischen Zusammensetzungen der Aktivmassen und des Elektrolyts geforscht. Oft diskutierte

Alternativen stellen die als Zukunftstechnologie betrachteten Systeme Lithium-Schwefel-, Lithium-Luft-, Aluminium-Luft- und Magnesium-Akkus sowie Superkondensatoren dar, die eine grundsätzlich andere Zellchemie aufweisen. Im Folgenden werden die Technologien und aktuelle Forschungsprojekte vorgestellt.

Der Lithium-Schwefel-Akku (Li-S)

Die Forschungsbemühungen eines marktreifen Li-S-Akkus gelten als vielversprechend im Bereich der Grundlagenforschung von Energiespeichern. An Li-S-Akkus wird bereits seit 1940 geforscht. Der derzeitige Stand Technik, weist eine gravimetrische Energiedichte von 350 Wh/kg auf bei einer Zyklenbeständigkeit von 1.500 Zyklen und einer sehr guten Temperaturverträglichkeit von -50°C bis +65°C. Schwefel ist, elektrisch betrachtet, ein Isolator und wird deshalb mit Kohlenstoff zur besseren Leitfähigkeit versetzt. Schwefel und Kohlenstoff sind sehr preiswerte, weit verbreitete und leicht zugängliche Materialien. Zur Herstellung sind keine seltenen Erden notwendig. Dieser Akku-Typ kann dementsprechend unter geringen Kosten hergestellt werden.

Die Li-S-Technologie steht heute vor großen Herausforderungen, da bisher ungelöste Nachteile bestehen. Die isolierenden Eigenschaften von Schwefel wirken sich negativ auf den Stromfluss aus. Hinzu kommt ein Mangel an Sicherheit. Die Zellen müssen daher gasdicht gefertigt werden da bei der Entladung giftige Lithiumsulfide entstehen. Außerdem stellen Temperaturen über dem Schmelzpunkt von Lithium (200°C) eine Gefahr dar. Im Falle eines Brandes könnte es zu unkontrollierbaren, starken Reaktionen kommen. Im Betrieb entstehen zudem unerwünschte Reaktionsprodukte was zu einer geringen Lebensdauer führt. Ein wesentliches Merkmal der Zellen, ist die starke Volumenänderung während der Zellreaktion, die einen starken mechanischen Abbau der Elektrode bedingt.

Eine weitere nennenswerte Herausforderung ist der Shuttle Mechanismus. Zusammenfassend kann dieser Mechanismus als eine unkontrollierte Abscheidung von Polysulfiden niederer Ordnung (LiS und LiS2) beschrieben werden.

Dabei kommt es zum Verlust der aktiven Schwefelaktivmasse und somit zur Verringerung der Zyklisierbarkeit bzw. Lebensdauer. Für eine detaillierte chemische Beschreibung sei auf Korthauer (2013), S. 206 verwiesen.

Forschungsstand Li-S

Korthauer beschreibt im *Handbuch Lithium-Ionen-Batterien* zahlreiche Ansätze und Forschungstätigkeiten, um die genannten Problematiken zu lösen. Diese konzentrieren sich auf Kathode, Anode und den Elektrolyten und verfolgen die Ziele: Begrenzung des Verlusts von Aktivmasse, Unterdrückung des Shuttle-Mechanismus und Stabilhaltung der Kathodenstruktur.

US Forscher entwickeln derzeit eine neue Kathode, die aus einer Kombination von Lithiumsulfid und Graphenoxid als Kernmaterial besteht und mit einer Kohlenstoffschicht umhüllt ist. Somit sei die Volumenausdehnung unproblematisch, da Leerräume in die Elektrode eingebaut werden [Vgl. Green Car Congress (2015)].

Durch Forschung erreichte das Dresdner Fraunhofer IWS Anfang des Jahres 2014 über 2.000 Ladezyklen. Bereits im September gleichen Jahres wurde von über 4.000 erreichten reversiblen Ladezyklen, bei einer gravimetrischen Energiedichte von über 400 Wh/kg, berichtet [Vgl. elektroniknet a (2014)]. Bei täglicher Ladung entspricht das einer Lebensdauer von elf Jahren.

Im strategischen Eigenforschungsprojekt "LiScell" wird an weiterführenden Fragestellungen zur Materialentwicklung, skalierbaren Herstellungsverfahren für Anoden und Kathoden als Rollenware und zum Aufbau von Zellen, sowie Modulen inklusive Batteriemanagementsystem geforscht. Es werden bis zu 600 Wh/kg gravimetrische Energiedichte erwartet. Das Fraunhofer IWS geht davon aus, dass die volumetrische Energiedichte auf dem Niveau der Li-Ionen-Technologie bleibt und beträchtliche Kosteneinsparungen in der Herstellung zu erwarten sind. Denn bei Li-Ionen Akkus macht das Kathodenmaterial, welches hierbei durch den kostengünstigen Schwefel ersetzt wird, ein Viertel der Gesamtkosten aus. Ein optimiertes Ladeprofil ist derzeit noch Bestandteil der Forschung [Vgl. elektroniknet a (2014); Fraunhofer IWS (2014)].

Die amerikanische Sion Power Corp. ist eine von wenigen Firmen, die die Technologie zu einer gewissen Marktreife entwickelt haben. Die angegebenen 350 Wh/kg gravimetrische Energiedichte liegt weit über den Werten von Li-Ionen-Akkus. Darüber hinaus wird von einem Potenzial bis 600 Wh/kg berichtet. Weitere nennenswerte Fakten sind eine volumetrische Energiedichte von 350 Wh/l, eine Nutzungstemperatur von -20°C bis +45°C und eine mögliche Kapazitätsausschöpfung von 100 % (im Gegensatz zu den üblicher-weise angegebenen 80 % wie in Li-Ionen-Akkus). Obwohl man bisher nur 30-60 Ladezyklen erreichte, wurden schon erste Prototypen gefertigt [Vgl. Sionpower (2015)].

Zusammenfassung Li-S-Technologie

Es besteht Grund zur Annahme, dass dieser Speichertyp in den kommenden Jahren zur vollständigen Marktreife entwickelt wird. Li-S-Akkus versprechen hohe Energiedichten von bis zu 600 Wh/kg, zu geringeren Kosten (ca. 90 % von Li-Ionen) bei anwenderfreundlichen Betriebsbedingungen. Bezüglich Schnellladungen besitzen Li-S-Akkus keinen Vorteil gegenüber Li-Ionen-Akkus, da ihre Stärke auf der hohen Energiedichte, weniger der hohen Leistungsdichte liegt. Hohe Ströme wirken sich ebenso ungünstig auf die Lebensdauer aus. Bisher gibt es wenig Entwicklungsaktivitäten Li-S in Richtung hohe Leistung zu optimieren [Vgl. Fraunhofer IWS (2015)]. Tschöke schreibt von einer möglichen Markteınführung ab dem Jahr 2020 [Vgl. Tschöke (2013), S. 64]. Dr. Holger Althues vom Fraunhofer IWS geht von einer kommerziellen Verwendung in Fahrzeugen im Zeitraum 2020 bis 2024 aus [Vgl. Elektroniknet b (2014)].

Der Lithium-Luft-Akkumulator (Li-O_2)
Bei einem Li-O_2-Akku spricht man von einem offenen System, da Sauerstoff aus der Atmosphäre zugeführt werden muss, ähnlich wie bei der Brennstoffzelle. Der Sauerstoff bleibt also nicht permanent an Bord. Daraus resultiert die sehr hohe Energiedichte von theoretisch 1.700 Wh/kg. Forscher erhoffen sich Reichweiten von über 800 km. Chemisch betrachtet reagiert Lithium mit Sauerstoff zu Lithiumperoxid (Li_2O_2). Dabei ist eine spezielle Membran notwendig, um Nebenreaktionen mit den in der Luft befindlichen Bestandteilen, wie N_2, CO_2 oder H_2O, zu verhindern. Jedoch konnte noch keine geeignete Membran erforscht werden die den Ansprüchen gerecht wird. Der Carbonat-basierte Elektrolyt wird sehr schnell zersetzt, weil das beim Entladen entstehende Superperoxid (O_2-) extrem reaktionsfreudig ist und dies zu zahlreichen Nebenprodukten führt wie z.B. Li_2CO_3 und CO_2.

Forschungsstand Li-O_2
Der Fokus der Forschung hat sich aufgrund der genannten Herausforderungen verschoben und man konzentriert sich aktuell auf die Suche nach Elektrolyten mit hoher Stabilität und geeigneten Elektrodenmaterialien. Bisher konnte aber noch kein geeignetes System gefunden werden. Daher befindet sich diese Technologie noch in der Grundlagenforschung. Die Entwicklung wird, neben Hochschulen und Universitäten, von einigen Firmen vorangetrieben [Vgl. Korthauer (2013), S. 210]. Die NPE wertet die Technologie als eine Option für die Zeit nach 2025. Korthauer rechnet nicht mit einer Markteinführung vor 2030 [Vgl. Korthauer (2013), S. 216]. Einige Forscher betrachten sie als hoffnungslos. Der Li-O_2-Akku wird daher im weiteren Verlauf der Arbeit nicht weiter betrachtet.

Die Aluminium-Luft-Batterie (Al-O_2)
Die Aluminium-Luft-Batterie ist kein Akkumulator, sondern eine elektrisch nicht wieder aufladbare Primärzelle. Sie findet bisher nur im militärischen Bereich Anwendung. Das israelische Startup Unternehmen Phinergy stellte Mitte 2014 einen, mit einer Aluminium-Luft-Batterie umgebauten, Citroen vor, der beeindruckende 1.750 km fahren konnte. Nach dem Verbrauch der immanenten Energie im Aluminium muss das Aluminium ausgewechselt werden. Das Unternehmen Phinergy plant die Akkus binnen zwei Jahren zu kommerzialisieren. Ein Konzept zum anwenderfreundlichen Wechseln der Aluminiumplatten besteht aktuell noch nicht [Vgl. Batteriezukunft (2014)].

Die Al-O_2-Batterie verspricht zwar eine sehr hohe gravimetrische Energiedichte von 1.300 Wh/kg. Jedoch weißt diese Technologie hohe Betriebskosten auf und ist aktuell nicht wieder aufladbar. Seitens der Industrie sind keine Hinweise bekannt, dass sie auf absehbare Zeit den Status der Massentauglichkeit erreichen könnte und wird im weiteren Verlauf der Arbeit nicht berücksichtigt.

Der-Magnesium-Schwefel-Akku (Mg-S)

Der Einsatz von Magnesium in Akkumulatoren für elektrische Antriebe ist aktuell noch wenig erforscht. Zahlreiche Einrichtungen arbeiten an der Verwirklichung eines marktfähigen Magnesium-Schwefel-Akkus wie z.B. das Austrian Institute of Technology in Wien (AiT) [Vgl. Futurezone (2014)], das Karlsruher Institut für Technologie (KIT) [Vgl. KIT c (2014)] und die Brandenburgische Kondensatoren GmbH im Projekt MASAK [Vgl. Forschung-energiespeicher (2014)].

Der Magnesium-Schwefel Akkumulator könnte eine Alternative zum Lithium-Ionen-Akkumulator darstellen. Schwefel ist - im Gegensatz zu Lithium - einfach zu verarbeiten und praktisch unbegrenzt verfügbar. Beides könnte den Preis für Akkus deutlich reduzieren. Durch die Fähigkeit von Magnesium-Ionen mehr Elektronen aufnehmen zu können als ihre Lithium-Pendants, ließe sich eine höhere Energiedichte realisieren. Die Kathode soll aus Magnesium, die Anode aus Kupfer und der Elektrolyt aus Sulfid-Ionen bestehen. Magnesium besitzt jedoch Nachteile. Durch die Elektroden und den Elektrolyten bewegt es sich relativ langsam und es entstehen kleine Lade- und Entladeraten. Das AiT möchte 2017 einen ersten Prototyp entwickeln.

Da keine konkreten Zahlenwerte als Zielvorgabe vorliegen, beruht die Analyse des Magnesium-Schwefel-Akkumulators auf einer qualitativen Betrachtung. Es ist daher nicht absehbar, um welche Größenwerte der Akkumulator für batterieelektrische Fahrzeuge weiterentwickelt werden könnte. Für den Fortschritt der Arbeit ist diese Technologie daher irrelevant.

Superkondensatoren

Superkondensatoren sind eine Weiterentwicklung der Doppelschichtkondensatoren. Aktuell werden sie für den Einsatz in Elektrofahrzeugen erprobt. Sie könnten als Leistungspuffer in Hybridspeichersystemen fungieren, um Leistungsspitzen und Zyklenzahlen für die Hauptbatterie zu reduzieren und somit die Lebensdauer erhöhen. Außerdem würde die Ladedauer erheblich verkürzt werden, denn Superkondensatoren laden und entladen sehr viel schneller als Lithium-Ionen-Akkus. Sie besitzen zwar eine geringe Energiedichte von 0,5 bis 15 Wh/kg, dafür aber eine hohe Leistungsdichte von 1000 - 10.000 W/kg. Li-Ionen Akkus besitzen im Vergleich eine Leistungsdichte von 200-900 W/kg. Die Leistungsdichte des Akkumulators ist ein Maß für die Geschwindigkeit, mit der die

Energie an eine Last geliefert oder von einer Energiequelle aufgenommen werden kann [Vgl. Korthauer (2013)]. Eine hohe Leistungsdichte eines Energiespeichers ermöglicht Energiespeicher-Anwendungen, die kurzzeitig einen hohen Strom benötigen oder abgeben, beispielsweise bei Rekuperationsvorgängen. Die gespeicherte Energie könnte dann wieder an Klimaanlage, Radio und weiteren Peripheriegeräten abgegeben werden und somit den sparsamen Umgang mit Energie im Auto unterstützen [Vgl. Forschung-energiespeicher (2014)].

Das Fraunhofer Institut entwickelt zusammen mit zehn Partnern aus Forschung und Industrie neuartige Superkondensatoren mit einer deutlich höheren Energiedichte. Dabei wurde das Nanomaterial Graphen eingesetzt, welches eine deutlich höhere innere Oberfläche besitzt. Dies verhindert, dass sich die einzelnen Graphen-Schichten miteinander verbinden. Somit bleibt mehr Platz für die Elektronen. Carsten Glanz, Projekt- und Gruppenleiter am Fraunhofer IPA, äußerte sich dazu wie folgt: *"Ich gehe davon aus, dass im Auto der Zukunft eine Batterie mit vielen, räumlich verteilten Kondensatoren gekoppelt sein wird, die etwa die Steuerung von Klimaanlage, Navigationssystem und Spiegeln übernehmen, so dass die Batterie entlastet und Spannungsspitzen beim Anlassen des Autos abgefangen werden können. Die Batterie ließe sich somit auch kleiner bauen"* [Fraunhofer IPA (2014)].

In der Fahrzeugindustrie fand die Technologie bisher nur als Nische Anwendung. Der Automobilhersteller Mazda stellte Ende 2012, mit dem Mazda 2 Demio, ein regeneratives Bremssystem mit Superkondensatoren zur Energiespeicherung vor. Die Firma erreichte damit eine Energieersparnis von etwa 10 % [Vgl. Gruenautos (2011)].

Das Fraunhofer Institut rechnet damit bei Elektrofahrzeugen eine geringere Ladedauer, geringeres Fahrzeuggewicht und höhere Lebensdauer der Hauptbatterie zu erreichen. Quantifizierbare Größen liegen nach den Recherche-Ergebnissen nicht vor. Damit können die Superkondensatoren nur qualitativ betrachtet und nicht in den direkten Technologie-vergleich ICE-BEV einbezogen werden.

4.2 Antriebsstrang

In diesem Kapitel werden die Potenziale des Antriebsstranges hinsichtlich der technischen Kriterien Wirkungsgrad, Leistungsdichte des Motors und Kostenreduzierung betrachtet. Dazu werden zunächst die Aufgaben aller Komponenten in Kürze erläutert, um ein grundlegendes Verständnis für deren Verwendung zu erhalten. Anschließend werden die gängigen Elektromotor-Varianten technisch näher betrachtet. Die Wahl und Auslegung des Motors beeinflusst die Fahrperformance. Dabei ist der drehzahlabhängige Feldschwächbereich ein Kriterium, welches das Beschleunigungsvermögen beeinflusst. Danach werden erreichbare Verbesserungsmaßnahmen des gesamten Antriebssystems bis zum Jahr 2025 anhand von zahlreichen Beispielprojekten aufgezeigt. Eine besonders effiziente Maßnahme ist die Neustrukturierung der Antriebsstrang-Komponenten, weg von einer zentralen Motorpositionierung.

4.2.1 Aufgaben der Komponenten

Zur Speicherung der Antriebsenergie wird der Benzintank von einem Akkumulator ersetzt. Der Akkumulator gehört zwar auch zum Antriebsstrang, wird aber wegen seiner starken Einflüsse auf die Effektkriterien (siehe Abbildung 5 auf Seite 17) in einem separaten Kapitel (*Kapitel 4.1.*) betrachtet.

Die Leistungselektronik übernimmt die Steuerung, Umformung und das Schalten von elektrischer Leistung. Im Motorbetrieb wird Gleich- in Wechselstrom gewandelt. Der umgekehrte Prozess wird Generatorbetrieb genannt. Dabei wird der Akkumulator durch die sog. Rekuperation aufgeladen.

Bei den meisten aktuellen Elektrofahrzeugen wird zwischen Motor und Rad ein Getriebe mit fester Übersetzung und Achsdifferenzial eingebaut. Sinn und Zweck eines Getriebes ist die sog. Übersetzung, bei der das Drehmoment und die Drehzahl von Elektromotor zu den Antriebsrädern gewandelt werden. Das Getriebe bringt die Leistung des Motors von einer hohen Drehzahl auf eine kleinere Drehzahl der Räder. Da Leistung und Drehmoment in der Fertigung mit höheren Kosten verbunden sind, als die Auslegung eines E-Motors auf hohe Drehzahlen, ist es möglich den Motor günstiger zu fertigen und ein Getriebe zur Drehzahlanpassung einzubauen [Vgl. Reif (2011), S. 110].

Die Verwendung eines Achsdifferenzials erlaubt, dass sich die Antriebsräder bei Kurvenfahrten mit unterschiedlicher Frequenz drehen können und für die Ansteuerung beider Räder durch den Motor nur eine Kurbelwelle notwendig ist.

Durch die Verwendung eines Schaltgetriebes kann die Drehzahl und das Drehmoment an die aktuelle Fahrsituation angepasst werden. Da das Nenndrehmoment bei Verbrennungsmotoren drehzahlabhängig ist, kann die Drehzahl durch die Wahl des entsprechenden Ganges (Übersetzung) an die jeweilige Fahrgeschwindigkeit stufenweise angepasst werden. So ist es möglich den Treibstoffverbrauch zu minimieren. Bei Elektromotoren liegt das Nenndrehmoment im Idealfall ab der ersten Umdrehung an und bleibt bis zu einer bestimmten Drehzahl (Nenndrehzahl) konstant. Aus diesem Grund kann bei aktuellen BEVs auf ein Schaltgetriebe, zu Gunsten eines höheren Gesamtwirkungsgrades, verzichtet.

Eine wesentliche Komponente im Antriebsstrang von Elektrofahrzeugen, ist die elektrische Maschine (auch Elektromotor genannt), die den Verbrennungsmotor ersetzt oder – im Fall eines Hybridfahrzeuges – unterstützt. Elektromotoren wandeln im Motorbetrieb elektrische in mechanische Energie um. Im

Generatorbetrieb können sie die mechanische Energie - durch Rekuperation - in elektrische umkehren. Die dabei zurückgewonnene Bremsenergie dient der Verbrauchsminderung und damit Reichweitenverlängerung. Heutzutage stehen den Entwicklern von BEVs eine Vielzahl elektrischer Antriebsmaschinen - bspw. Gleichstrommaschinen, Permanenterregte Synchronmaschinen (PSM), Fremderregte Synchronmaschinen (FSM), Asynchronmaschinen (ASM), Geschaltete Reluktanz-maschinen (SRM) - zur Verfügung. In der Praxis werden im gesamten Spektrum Elektromobilität bisher nur

- PSM (z.B. VW eGolf, BMW i3, Nissan Leaf, Mitsubishi I-Miev, Toyota Prius, Toyota Mirai),
- FSM (z.B. Renault Fluence Z.E., Renault ZOE) und
- ASM (z.B. Tesla Model S und Roadster, Hyundai ix35 FCEV)

eingesetzt. Der geringe Wirkungsgrad der Gleichstrommaschine führt dazu, dass ihr Einsatz heutzutage nicht mehr wirtschaftlich ist. Reluktanzmaschinen befinden sich derzeit im Forschungsstadium für den Einsatz in Automobilen.

4.2.2 Elektromotoren

Im Folgenden wird ein Überblick über die Eigenschaften der gängigen Elektromotor-Typen gegeben, um ein technisches Grundwissen der Fahrzeugkomponente zu vermitteln. Neben Aufbau und Funktionsweise wird die Feldschwächung erklärt, die technischen Merkmale charakterisiert und die Vor- und Nachteile gegenübergestellt. Im Anschluss erfolgt die Analyse des Entwicklungspotenzials der Elektromotoren.

Prinzipieller Aufbau und Funktionsweise

Rotierende Elektromotoren bestehen aus einem stationären Ständer (Stator) und einem rotierenden Läufer (Rotor). Da Gleichstrommotoren für die Elektromobilität irrelevant sind, wird in diesem Abschnitt nur auf Wechselstrom-Motoren eingegangen. Abbildung 18 auf Seite 65 zeigt den schematischen Aufbau von PSM, FSM, ASM und SRM.

Bei den Varianten PSM, ASM und FSM befinden sich im Stator drei räumlich um 120° versetzte Spulen - meist konzentrierte Wicklungen -, die ein rotierendes Magnetfeld erzeugen. Dazu wird an jede Statorspule eine Phase angeschlossen. Die drei sinusförmigen Ströme fließen um exakt 120° zueinander phasenverschoben. Damit zwischen Rotor und Stator eine Kraft wirkt, die eine Rotation erzeugt (sog. Lorentzkraft), besitzt der Rotor ebenfalls ein Magnetfeld. Bei der PSM werden Permanentmagnete aufgebracht, wogegen die FSM einen stromdurchflossenen Elektromagneten besitzt. Der stromversorgende Kontakt wird über Schleifringe hergestellt.

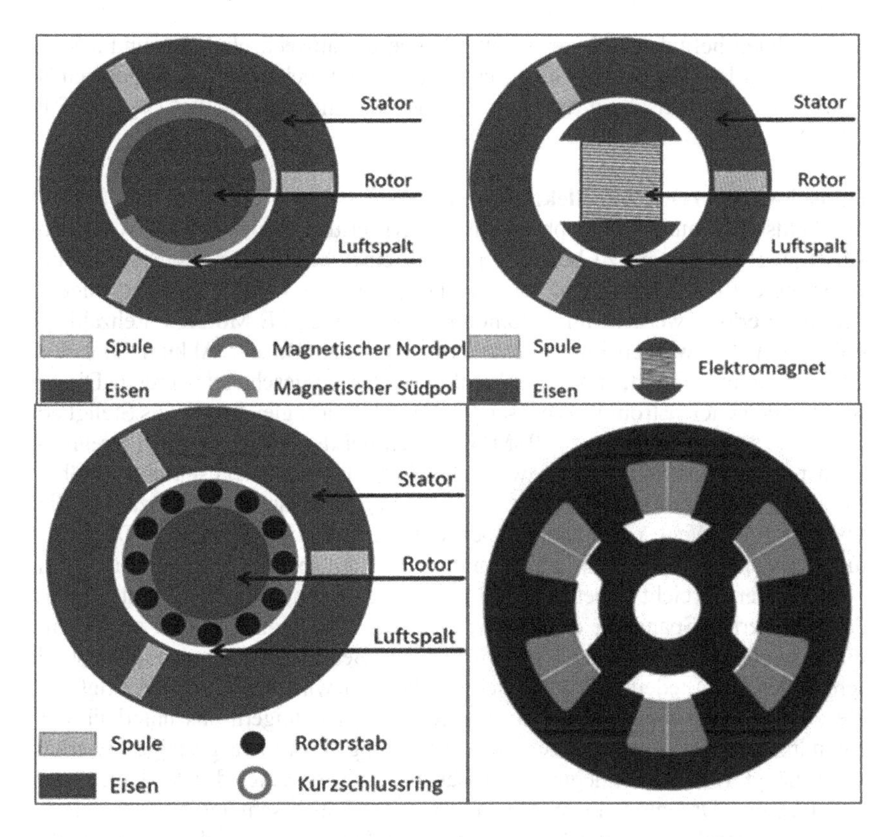

Abbildung 18: Darstellung des Aufbaus verschiedener Wechselstrommotoren, von links nach rechts: Permanenterregte Synchronmaschine (PSM), Fremderregte Synchronmaschine (FSM) Asynchronmaschine (ASM) und geschaltete Reluktanzmaschine (SRM); Quelle: TH Nürnberg (2015)

Die ASM besitzt einen Kurzschlussläufer, einen ferromagnetischen Zylinder, mit längs ausgerichteten Rotorstäben aus elektrisch leitendem Material. An deren Ende befindet sich ein leitender Ring, der Kurzschlussring. Stator und Rotor besitzen eine Relativgeschwindigkeit zueinander und verlaufen daher asynchron. Bei der PSM und FSM kann nur ein Drehmoment erzeugt werden, wenn Stator und Rotor keine Relativgeschwindigkeit zueinander aufweisen, also synchron laufen. In jedem Fall regelt die Leistungselektronik des Fahrzeuges die Drehzahl des Motors [Vgl. TH Nürnberg (2015)].

Die Geschaltete-Reluktanzmaschine – kurz SRM, vom Englischen switched reluctance motor – besitzt an Rotor und Stator eine unterschiedliche Anzahl an Zähnen. Die Drehmomentenerzeugung basiert auf der Reluktanzkraft. An den

Statorzähnen befinden sich gewickelte Spulen die abwechselnd ein- und ausgeschaltet werden. Die jeweils eingeschalteten Zähne ziehen die nächstgelegenen Rotorzähne magnetisch an, und werden anschließend abgeschaltet [Vgl. KIT b (2014)].

Feldschwächbereich von Elektromotoren

Die Feldschwächung ist ein physikalisches Kriterium, das es bei der Wahl und Auslegung des Motors zu beachten gilt. Ab einer bestimmten Drehzahl beeinflusst die die Beschleunigung. Nach Tschöke kann die Feldschwächung folgendermaßen erklärt werden: Im Automobilbau müssen alle E-Motoren drehzahlvariabel sein. Sie werden mit Wechselstrom gespeist. Da der Akkumulator nur Gleichspannung liefert, muss ein Wechselrichter vorgeschaltet werden. Dieser wandelt den Gleichstrom in Wechselstrom und fungiert gleichzeitig als Stellglied zur Frequenzregelung. Bei der PSM, wie auch bei der ASM, kann ein Drehmoment nur dann erzeugt werden, wenn die Spannung des Wechselrichters höher ist, als die im Motor induzierte Spannung. Ab einer bestimmten Drehzahl ist die Spannung des Wechselrichters so hoch wie die induzierte Spannung. Die Leistung kann dann nicht mehr gesteigert werden, da Spannung und Strom ihren Maximalwert erreicht haben. Höhere Drehzahlen können durch Herunterregeln der induzierten Spannung erreicht werden. Das Drehmoment sinkt ab diesem Punkt hyperbolisch mit der Drehzahl und das Beschleunigungsvermögen wird schwächer. Das bedeutet, im Feldschwächbereich wird mehr Zeit benötigt um die Geschwindigkeit um einen bestimmten Wert zu steigern, als unterhalb der Nenndrehzahl. Bei welcher Drehzahl die Leistung nicht mehr gesteigert werden kann, hängt von der Auslegung und Baugröße ab. 67 zeigt das Verhalten von Leistung und Drehmoment in Abhängigkeit der Fahrgeschwindigkeit, am Beispiel des Renault Fluence Z.E. mit einer FSM. Die Nenndrehzahl von ca. 5.500 1/min ist bereits bei ca. 35 km/h erreicht. Zum Vergleich: Die Nenndrehzahl beim BMW i3 wird bei 55 km/h erreicht [Vgl. AMS (2013)]. Ab diesem Punkt kann die Leistung nicht mehr gesteigert werden. Das bis dahin konstante Drehmoment M wird nun geschwächt, um die Drehzahl zu steigern. Ab 110 km/h sinkt die Leistung. Bei einer Geschwindigkeit von 135 km/h beträgt das Drehmoment nur noch weniger als die Hälfte des Nenndrehmoments. Der Motor wird bei dieser Drehzahl (n_{max} = 12.000 1/min) vom Hersteller abgeriegelt. Der Punkt der Feldschwächung kann in Richtung einer höheren Drehzahl verschoben werden, wenn der Motor leistungsfähiger gebaut wird. Damit gehen höhere Kosten, Bauraum und Gewicht einher.

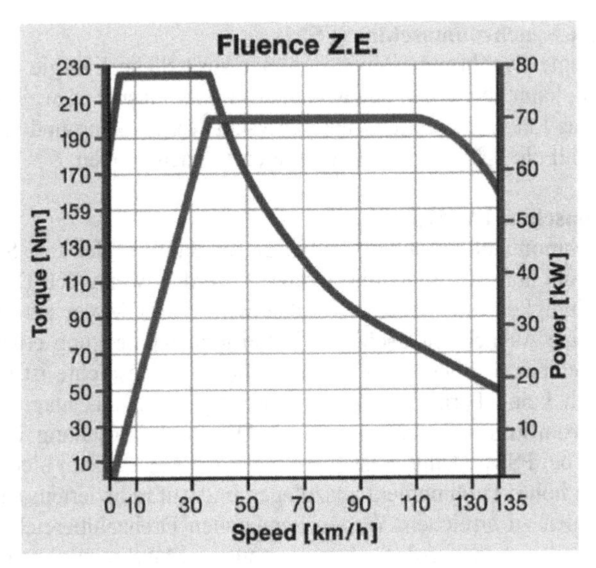

Abbildung 19: Geschwindigkeit-/Drehmoment-/Leistungskennlinie eines Renault Fluence Z.E. (FSM); Drehmoment (linke Kurve), Leistung (rechte Kurve), Quelle: Renault (2012)

Vergleich der Motorvarianten

Permanenterregte Synchronmaschine (PSM)

Die permanenterregte Synchronmaschine benötigt keine Energie zur Erzeugung des Läufermagnetfeldes, weil dieses - im Gegensatz zu allen anderen vorgestellten Maschinenvarianten - durch Permanentmagnete erzeugt wird. Deshalb ist sie sehr energieeffizient bei gleichzeitig hoher Leistungsdichte. Wegen der Erregereinrichtung der Synchronmaschine ist der Aufbau der Synchronmaschine komplexer, als bei der Asynchronmaschine und damit auch teurer. Der Nachteil sind die benötigten seltenen Erden - wie Neodym und Dysprosium -, die über 25 % der Magnete ausmachen. PSMs eignen sich weniger für einen großen Drehzahlbereich, da die Feldschwächung - im Gegensatz zu Asynchronmotoren - ineffizienter ist. Wird sie für hohe Drehzahlen ausgelegt, verringert sich das Drehmoment im gesamten Drehzahlbereich.

Aufgrund der hohen Leistungsdichte und kompakten Geometrie sind PSM besonders für den Einsatz als Radnabenmotoren geeignet (siehe *Kapitel 4.2.4.*).

Fremderregte Synchronmaschine (FSM)
Die fremderregte Synchronmaschine benötigt zusätzliche Energie für das Läufermagnetfeld, kann aber einen gewissen Teil wieder einsparen, weil bei höheren Drehzahlen das Läufermagnetfeld abgeschwächt werden kann und somit in diesem Betriebsfall die Schleppverluste verringert werden können.

Asynchronmaschine (ASM)
Für eine Drehmomentübertragung ist bei dieser Bauform der sog. Schlupf notwendig. Es kann nur eine Spannung induziert werden, wenn sich Drehfeld- und Rotorgeschwindigkeit unterscheiden. Daher wird dieser Motor als „asynchron" bezeichnet. Eine Asynchronmaschine fällt bei gleicher Leistung etwa 10 bis 15 Prozent schwerer und größer als PSM aus. Die Leistungsdichte ist geringer. Es werden jedoch keine Permanentmagnete benötigt, weil das magnetische Feld durch den Stromfluss selbst erzeugt wird. Die Feldschwächung ist bei ASM effizienter als bei PSM. Dadurch ist es möglich, die Maschine in niedrigen Drehzahlen auf ein hohes Drehmoment auszulegen und mit reduziertem Drehmoment hohe Drehzahlen zu erreichen. Wegen dem hohen Drehzahlbereich kann diese Maschine kleiner gebaut werden, als niedertourige Maschinen gleicher Leistung [Vgl. Kampker (2014), S. 130].

Reluktanz-Synchronmaschine (SRM)
Reluktanz-Synchronmaschinen können am kostengünstigsten hergestellt werden, da sie keine Magneten im Läufer benötigen, eine geringe Komplexität im Aufbau aufweisen und robust sind. Die Technologie ist bisher noch wenig ausgereift. Sie bietet daher noch viel Forschungs- und Entwicklungspotenzial [Vgl. Kampker (2014), S. 135].

Jede Motorvariante bietet unterschiedliche Vor- und Nachteile. Ähnlich wie bei den Zellmaterialien von Akkumulatoren gilt es, die Motoren entsprechend ihrer Verwendung zu wählen und anzupassen. Eins haben alle Elektromotoren gemeinsam: Das Nenndrehmoment liegt bereits ab der ersten Umdrehung an und kann sogar kurzzeitig bis zu Faktor 2,25 überschritten werden. Wie lange die Überschreitung genutzt werden kann, hängt vor allem von der Kühlung ab [Vgl. Siemens (2013)]. Tabelle 11 fast die wichtigsten Vor- und Nachteile der verschiedenen Motortypen zusammen.

Tabelle 11: Vergleich von elektrischen Maschinen hinsichtlich ihrer wichtigsten Vor- und Nachteile, eigene Darstellung auf Datenbasis: Kampker (2014), S. 123ff.; Continental (2008); Tschöke (2015), S. 28ff.; TH Nürnberg (2015)

synchron	PSM	Vorteile	- höchste Leistungsdichte (2 bis 2,6 kW/kg) - bester Wirkungsgrad (<95 %)
		Nachteile	- kostenintensiv (seltene Erden notwendig) - geringerer Drehzahlbereich als ASM
	FSM	Vorteile	- keine seltenen Erden notwendig - guter Wirkungsgrad (<93 %)
		Nachteile	- trotz Verzicht auf seltene Erden vergleichsweise teuer (da höhere Komplexität) - geringe Leistungsdichte
	SRM	Vorteile	- hoher Drehzahlbereich - kostengünstigste Maschine (keine seltenen Erden notwendig)
		Nachteile	- geringe Leistungsdichte - geringer Wirkungsgrad
asynchron	ASM	Vorteile	- kostengünstig (keine seltenen Erden notwendig) - hohe Drehzahlen möglich
		Nachteile	- geringster Wirkungsgrad (<87 %) - geringste Leistungsdichte (1,7 bis 2,2 kW/kg)

4.2.3 Forschung und Entwicklung zur Verbesserung der Antriebsstrang-Komponenten

"Die heute vorhandene technologische Leistungsfähigkeit der deutschen Industrie im Bereich der Elektromotoren und Leistungselektronik gründet sich auf Produkte, die in kleineren Stückzahlen und vorwiegend nicht für den mobilen Einsatz entwickelt, hergestellt und genutzt werden. Voraussetzung, um den Markteinstieg durch Kostensenkung zu sichern, sind die zügige und signifikante Erhöhung der Stückzahlen und die Etablierung automotiver Produktionstechnologien in möglichst dicht folgenden Lernzyklen" [NPE b (2010), S. 2].

Um das Entwicklungspotenzial des Antriebsstranges bis zum Jahr 2025 abschätzen zu können, werden in diesem Kapitel zunächst aktuelle Anstrengungen der Industrie identifiziert, die auf technische Verbesserungen abzielen. Da diese Einrichtungen ihre Forschungsziele nur sehr selten quantifizieren, bspw. welche Wirkungsgradsteigerung beim Elektromotor möglich wäre, wurde eine andere Lösung gesucht, um das Entwicklungspotenzial konkretisieren zu können. Die Nationale Plattform Elektromobilität (NPE) formulierte 2010, im Zwischenbericht der Arbeitsgruppe 1 – Antriebstechnologie und Fahrzeugintegration Arbeitsziele im Bereich der Antriebstechnologie und Fahrzeugintegration, die es im Hinblick auf Leitmarkt- und Leitanbieter für Elektromobilität bis 2020 zu erreichen gilt [Vgl. NPE b (2010), S. 2]. Diese Ziele wurden vier Jahre später im Fortschrittsbericht 2014 - Bilanz der Marktvorbereitung, noch einmal bekräftigt [Vgl. NPE (2014)].

„(Werte im Vergleich der Jahre 2010 und 2020):

- Kosten für das System um zwei Drittel senken
- Leistungsdichte (kW/l) steigern und Leistungsgewicht (kg/kW) senken
- den durchschnittlichen Wirkungsgrad im Betrieb um mehr als fünf Prozent steigern [...]“ NPE (2014), S. 56

Für diese Arbeit liegt, entgegen der Vorgehensweise der NPE, ein anderes Verständnis für die Bezeichnung Leistungsdichte und Leistung pro Volumen vor. Für die Leistungsdichte wird in der Arbeit die gravimetrische Leistungsdichte, also kW/kg, verstanden. Die Leistung pro Volumen entspricht der volumetrischen Leistungsdichte und wird in Kilowatt pro Liter angegeben. Im Gegensatz zum Fortschrittsbericht 2014 hieß es im Zwischenbericht 2010 noch, die Leistungsdichte und Leistungsvolumen seien zu verdoppeln. Es wird angenommen, dass eine Verdoppelung nicht mehr realistisch erscheint. Im weiteren Verlauf der Arbeit wird von einem Steigerungsziel von Faktor 1,5 ausgegangen.
Die NPE formuliert 80 Projektvorschläge für die Bereiche E-Maschine, Leistungselektronik, Systemintegration und Produktionstechnik, mit denen die Ziele zu erreichen sind. Die Tabelle 12 und Tabelle 13 stellen ausgewählte Projektvorschläge der NPE und aktuelle FuE-Projekte beispielhaft gegenüber. Dadurch wird deutlich, dass die Industrie, Forschungsinstitute, sowie akademische Einrichtungen die Ziele der NPE verfolgen.

Die meisten Anstrengungen werden im Bereich der Steigerung der Leistungsdichte von E-Motoren durch Erhöhung der Maximaldrehzahl, Einsatz neuer Materialien, bessere Kühlkonzepte und wirkungsgradoptimierte Regelungen geleistet. Durch die Optimierungen gehen auch Wirkungsgradsteigerungen und Kostensenkungen einher. Insgesamt wird dabei an allen drei gängigen Maschinentypen (PSM, FSM und ASM) geforscht. Auch die neue Technologie SRM findet Berücksichtigung. Voraussetzung für den Betrieb leistungsstarker Motoren ist, dass die notwendige Leistung auch bereit steht. Diesbezüglich arbeitet bspw. Continental an einer stärkeren Leistungselektronik. Die aktuelle, dritte Generation der Leistungselektronik der Firma besitzt bereits die sechsfache Leistungsfähigkeit der ersten Generation. Das bedeutet, dass damit ein sechsmal so starker Motor betrieben werden kann. Zugleich wird an der Reduzierung des Gewichtes und der Kosten gearbeitet [Vgl. Continental a (2015)]. Neue Produk-

Tabelle 12: Gegenüberstellung der NPE-Projektvorschläge und aktueller FuE-Projekte um die formulierten Ziele für 2020 der NPE zu; eigene Darstellung

	Projektvorschlag der NPE	aktuelle FuE-Projekte		
		Zielkriterium / Zielkomponente	Maßnahme(n)	Institution / Quelle
E-Maschine	*Optimierung E-Maschinenkonzepte*	Steigerung Leistungsdichte und Wirkungsgrad, Reduzierung Kosten / ASM, PSM	Entwicklung neuer Leistungselektronik, E-Motor, Wärmemanagement und Antriebsstrangtechnologien durch neue Traktionsmotor-Designs	US Department of Energy / Green Car Congress (2015)
		Steigerung Leistungsdichte / ASM	Einsatz neuer Bleche mit verbesserten magnetischen und mechanischen Eigenschaften und Optimierung der Kühlung	SIEMENS AG "inside e-car" / Siemens (2013)
	Automobilgerechte Kühltechnologien für hochausgenutzte Maschinen	Steigerung Leistungsdichte und Wirkungsgrad, Reduzierung Kosten / ASM, PSM	Verbesserung der Kühlkonzepte	Karlsruher Institut für Technologie / KIT (2013)
	Kenndaten Motorendiagnose inklusive Sensorik / Wirkungsgradoptimale Steuerverfahren	Steigerung Wirkungsgrad / FSM	Verbeserte Regelung durch Optimierung der Bestromungsstrategie unter Beachtung der maximalen Ströme, Spannungen und Temp.	TH Nürnberg / TH Nürnberg a (2015)
		Steigerung Wirkungsgrad / ASM, PSM	Wirkungsgradoptimale Drehmomentregelung, finanziert durch das Fraunhofer Institut ISI	TH Nürnberg / TH Nürnberg b (2015)
	Neue, automatisierungsfähige Wickelverfahren	Steigerung Wirkungsgrad / FSM	Erprobung verteilter und konzentrierter Wicklungen unter Beachtung des thermischen Verhaltens und Eisenverlusten	Karlsruher Institut für Technologie / KIT a (2015)
	Neue Feldschwächeverfahren	Steigerung Wirkungsgrad / PSM	Optimierung des Feldschwächebereiches durch Untersuchung und Minimierung der Verluste	TU Berlin / TU Berlin (2013)
	Neue Produktionsverfahren	Kostensenkung um 25%, Steigerung Leistungsdichte auf 200%/ ASM, FSM, PSM	3D Siebdruckverfahren (*PriMa3D Drucker*) ermöglicht ganz neue Design- und Materialfreiheiten	EKRA Automatisierungssysteme GmbH / EKRA (2015)
	Reduktion des Magnetmaterials / Forschung z. Ersatz seltener Erden	Reduzierung Kosten / ASM	Entwicklung eines Hybridmotors, der bei Teillast wie eine PSM arbeitet, höhere Leistungsanforderungen jedoch mit einer Fremderregung des Magnetfeldes abdeckt	SIEMENS AG Geschäftseinheit "inside e-car" / Siemens (2013)
	Alternative Motorkonzepte	Steigerung Wirkungsgrad / SRM	Implementierung eines neuartigen hocheffizienten Regelverfahrens die SRM	KIT / KIT c (2015)

Tabelle 13: Gegenüberstellung der NPE-Projektvorschläge und aktueller FuE-Projekte um die formulierten Ziele für 2020 der NPE zu erreichen (Fortsetzung von Tabelle 12); eigene Darstellung

	Projektvorschlag der NPE	aktuelle FuE-Projekte		
		Zielkriterium / Zielkomponente	Maßnahme(n)	Institution / Quelle
System-integration	*Optimierung des Getriebe-E-Motor-Verbunds (Baukastensystem)*	Steigerung Leistungsdichte / ASM, SRM	Integration mehrerer Funktionen in einem kompakten Aufbau (z.B. Motor und Leistungselektronik) vermeidet mehrfache Gehäuse und verkürzt die Kabellängen	TU Berlin / TU Berlin (2011)
Produktionstechnik	*Net-Shape-Technologien [...]*	Reduzierung Kosten / Prozesskette	Effizientere und kürzere Prozesse durch Netshape-Produktion.	Fraunhofer IWM (2015)
Leistungs-elektronik	*Hochintegrierte Schaltungsträger für Leistungselektronik und höchste Leistungsdichten*	Steigerung der Leistungsdichte / Leistungselektronik für alle Motortypen	Neue Generation der Leistungselektronik, kompakter und leistungsfähiger durch „48 Volt Eco Drive"-System	Continental AG / Continental a (2015)
	In Motor integrierte Elektronik (Mechatronik)	Steigerung der Leistungsdichte, Reduzierung der Kosten / Leistungselektronik für PSM und ASM	Integrierung des Getriebes und der Leistungselektronik in den Motor. Wegfall vieler Bauteile wie Stecker, Kabel und Wasseranschlüsse	Continental AG / Continental b (2015)

tionstechnologien werden erarbeitet um die Produkte wirtschaftlich vermarkten zu können. Damit wird auch die Notwendigkeit verfolgt, den Preis der Elektroautos an den Verbrenner anzupassen.

Die vorgestellten Projekte decken sich mit den Vorstellungen der NPE, die notwendig sind um die formulierten technologischen Ziele im Jahr 2020 zu erreichen. Zahlreiche Projektvorschläge werden bereits heute umgesetzt. Es ist davon auszugehen, dass weitere Forschungsprojekte, vor allem auf internationaler Ebene, parallel stattfinden und in Zukunft realisiert werden. Abschließend wird die Annahme getroffen, dass bis zum Jahr 2025 die Kosten für den E-Motor um zwei Drittel gesenkt, die Leistungsdichte um Faktor 1,5 gesteigert und der durchschnittliche Wirkungsgrad des Antriebsstranges um bis zu fünf Prozentpunkte gesteigert werden.

4.2.4 *Neue Antriebsstrang-Konzepte*

In diesem Kapitel wird gezeigt, wie der Antriebsstrang, hinsichtlich der verwendeten Komponenten und ihrer Anordnung im Elektroauto, optimiert werden kann. Mechanische Verluste können minimiert und der Energieverbrauch gesenkt werden. Anhand von Beispielprojekten wird gezeigt, dass die Realisierung möglich ist und welche Zusatzfunktionen sich daraus ergeben.

Der Betrieb jeder Komponente des Antriebsstranges ist mit mechanischen bzw. elektrischen Verlusten behaftet. Eine Übersicht der Wirkungsgradbereiche nach Tschöke, ist in Tabelle 14 ersichtlich. Werden alle Komponenten (Akkumulator, Leistungselektronik, Motor, Übersetzungsgetriebe und Differenzial) verbaut, ergibt sich der schlechteste Gesamtwirkungsgrad. Unter Verwendung der jeweiligen Mittelwerte und einer PSM (Bsp. eGolf), beträgt dieser 78 %.

Tabelle 14: Übersicht der Wirkungsgradbereiche heutiger Antriebsstrangkomponenten; eigene Darstellung nach Tschöke (2015), S. 39

Komponenten	Wirkungsgrad		
	Minimum	Maximum	Mittelwert
Li-Ionen Batterien	92%	96%	94%
Leistungselektronik	95%	97%	96%
Schaltgetriebe	80%	95%	88%
Getriebe mit fester Übersetzung	93%	98%	96%
Differenzial	92%	98%	95%
Elektromotor (ASM - FSM - PSM)	87% - 93% - 95%		

Elektroautos bieten verschiedene Möglichkeiten der Motorpositionierung. Je nach Antriebskonzept ergeben sich Vor- und Nachteile:

Zentralmotor

Angelehnt an die herkömmliche Position des Verbrennungsmotors, lässt sich der Elektromotor zentral im Fahrzeug positionieren. Im Gegensatz zur Positionierung nahe am Rad oder der Verwendung von sog. Radnabenantrieben, besticht die zentrale Positionierung durch die einfache Integration in bestehende Systemarchitekturen und niedrige Kosten, da nur ein Motor verbaut wird. Das Fahrwerk bleibt bei diesem Konzept weitestgehend erhalten, es werden nur der herkömmliche Motor und das Schaltgetriebe gegen den Elektromotor mit fester Übersetzung und Wechselrichter ausgetauscht [Vgl. Kampker (2014), S. 121].

Durch die Verwendung des Getriebes und Differenzial ergibt sich der geringste Gesamtwirkungsgrad.

Motor nahe am Rad

Wird die benötigte Antriebsleistung nahe am Rad erzeugt, kann auf verlustbehaftete Komponenten verzichtet werden. Elektroautos bieten verschiedene Möglichkeiten der Motorpositionierung. Beispiele sind die zentrale Position anstelle des Verbrennungsmotors, eine Positionierung nahe am Rad oder ein Radnabenmotor. Die zentrale Position ermöglicht es den Herstellern auf ein bestehendes Antriebsskonzept aufzubauen (Conversion Design). Dabei wird das herkömmliche Motorsystem und das Schaltgetriebe gegen einen Elektromotor mit fester Getriebeübersetzung und Leistungselektronik ausgetauscht [Vgl. Kampker (2014), S. 121]. Durch die Positionierung nahe am Rad kann bereits auf das Differenzial verzichtet werden, da die Räder einzeln angesteuert werden. Ein wesentlicher Vorteil gegenüber Radnabenmotoren liegt darin, dass die ungefederte Masse nicht durch das Gewicht der Motoren erhöht wird. Das Deutsche Zentrum für Luft- und Raumfahrt (DLR) in Köln testete bereits erfolgreich einen Demonstrator im Projekt FAIR. Das Projekt ist eine Kooperation der BMW Group, Schaeffler AG, DLR und der Bayrischen Forschungsstiftung. Dabei werden Antrieb, Radführung und Federung des Fahrzeuges vereint, wobei der Elektromotor an der Fahrzeugkarosserie angebracht wird. Das Gewicht des Rades nimmt gegenüber dem eines Serienfahrzeuges nicht zu [Vgl. DLR (2013)].

Radnabenantrieb

Radindividuelle Direktantriebe gestalten den Antriebsstrang am effizientesten und bieten dabei fahrdynamische Vorteile, welche sogar neue Perspektiven in Sachen Sicherheit und Fahrperformance bieten. Durch die Aufteilung eines zentralen Elektromotors in mehrere Direktantriebe am Rad können Übersetzungsgetriebe sowie das Differenzial eingespart werden. Dieses Konzept entspricht dem Purpose Design, da sich die Entwicklung an den Besonderheiten des Elektroautos orientiert, indem es auf Gewichtsreduzierung und einen niedrigen Verbrauch zugeschnitten wird [Vgl. Keichel/Schwedes (2013), S. 129]. Ausgehend von den in Tabelle 14 zusammengefassten Wirkungsgradbereichen ermittelt sich der mittlere Wirkungsgrad eines Antriebsstrangs mit Radnabenmotoren zu ca. 86 %. Legt man die positive Entwicklung des Motors und der Leistungselektronik aus *Kapitel 4.2.3.* zu Grunde, kann der Wirkungsgrad im Jahr 2025 um weitere fünf Prozentpunkte auf 91 % gesteigert werden.

Das Konzept wurde bereits von der Schaeffler Technologies AG & Co KG umgesetzt und in Demonstrator-Fahrzeugen, hinsichtlich Sicherheit und Performance, erfolgreich getestet. Abbildung 20 zeigt den von Schaeffler entwickelten

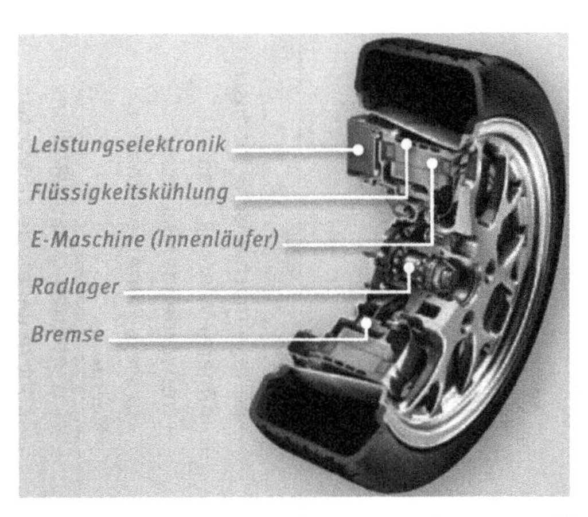

Abbildung 20: Radnabenantrieb „E-Wheel Drive" der Firma Schaeffler Technologies GmbH & Co. KG; Quelle: Schaeffler (2013)

Radnabenmotor "E-Wheel Drive". Dieser beinhaltet neben dem Elektromotor auch die Leistungselektronik, den Controller zur Steuerung, die Bremse und Kühlung. Das Gesamt-Fahrzeuggewicht bleibt, im Gegensatz zum Gewicht eines baugleichen Fahrzeugs mit Verbrennungsmotor, gleich. Da alle Komponenten in der Felge verbaut werden, bietet der Radnabenantrieb die größten Vorzüge hinsichtlich des freiwerdenden Bauraums im konventionellen Motorraum. Durch die integrierte Kühlung wird die thermische Belastung auf den Motor reduziert, die durch das Bremssystem und den Motor entsteht. Die eingebaute PSM leistet pro Rad dauerhafte 33 kW, bei einem Drehmoment von 350 Nm [Vgl. Schaeffler (2013)]. Die individuelle Ansteuerung der Räder erlaubt eine aktive, voneinander getrennte Verteilung der Antriebsleistung. Dadurch können Fahrdynamik- und Fahrassistenzsysteme schneller, gezielter und effizienter wirken als bisherige Regelsysteme, wie ABS oder ESP [Vgl. Tschöke (2015), S. 41]. Allerdings bedeutet dies zusätzlichen Steueraufwand. Die erhöhte ungefederte Masse, die starke Beaufschlagung mit Schmutz und die wechselnd hohen Beschleunigungen am Rad führen zu neuen Belastungen, die es technisch zu bewältigen gilt und kostentreibend wirken [Vgl. Kampker (2014), S. 122]. Durch den limitierten Bauraum in der Radfelge sind der Baugröße des Antriebssystems gleichzeitig Grenzen gesetzt, was durchaus Einfluss auf die Angebotsvielfalt der Motorleistungsgrößen hat. Die erste E-Wheel Drive Variante wurde für ein 16-Zoll-Rad entworfen. Schaeffler arbeitet derzeit an der Konzeptionierung eines Radnabenantriebs für ein 18-Zoll-Rad, um das Portfolio für höhere Fahrzeugklassen auszuweiten.

Abbildung 21 fasst die Vor- und Nachteile des herkömmlichen Zentralantriebes gegenüber einem Radnabenantriebes zusammen.

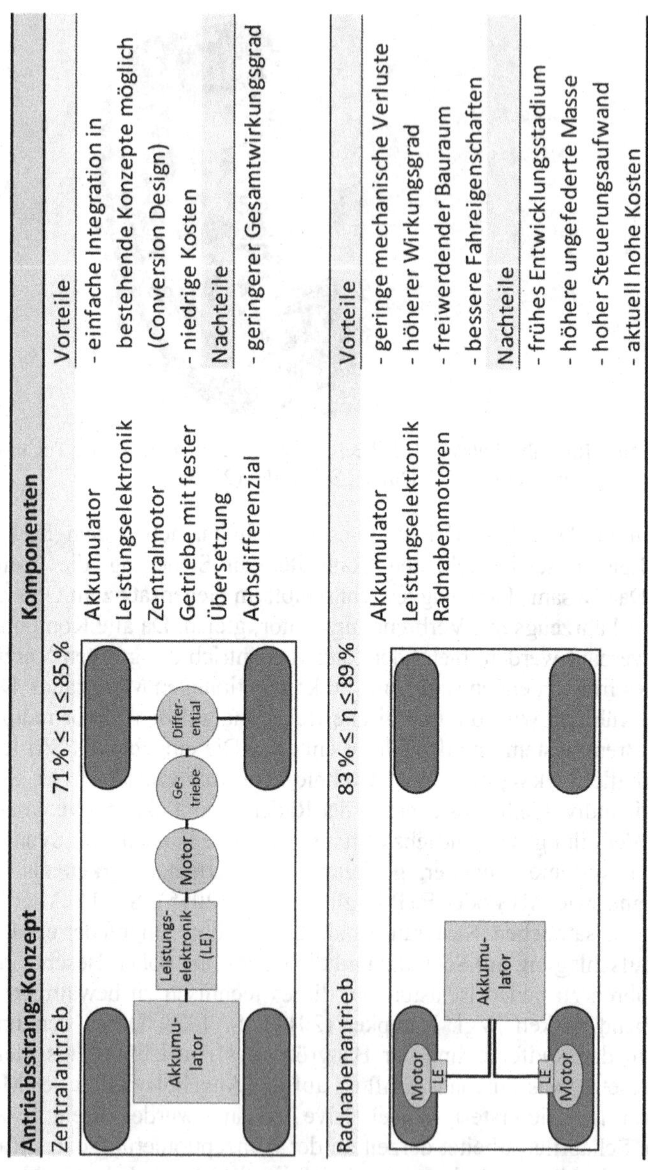

Abbildung 21: Ausgewählte Aufbauvarianten des elektrifizierten Antriebsstranges; eigene Darstellung angelehnt an Kampker (2014), S. 122f. und Tschöke (2015), S. 37ff.

4.3 Gewichtsreduzierung

In diesem Kapitel wird am Beispiel des eGolf das Potenzial untersucht, das Leergewicht eines Elektrofahrzeuges im Jahr 2025 zu reduzieren. Dazu werden Akkumulator, Antriebsstrang, E-Motor und die Karosserie hinsichtlich ihrer Gewichts-Reduzierungspotenziale untersucht.

In der Potenzialanalyse technischer Kriterien der Li-Ionen-Technologie (*Kapitel 4.1.3.*) wird gezeigt, dass die gravimetrische Energiedichte um Faktor 1,6 gesteigert werden kann. Die folgende Berechnung basiert auf der Annahme, dass die Steigerung der gravimetrischen Energiedichte nicht zugunsten der Reichweite, sondern zur Gewichtsreduzierung des Akkumulators bei Verwendung gleicher Kapazität, ausgelegt wird. Der Akkumulator des eGolf wiegt derzeit 318 kg bei 24,2 kWh Kapazität und kann in zehn Jahren theoretisch auf 202 kg gesenkt werden. In der Praxis ist das Gewicht -neben den elektrochemischen Speicherzellen- von der Auslegung des Gehäuses, Überwachungs-komponenten (z.B. Spannungsfühler, Temperatursensoren), Kühlsystem, Schnittstellen und Steuerungskomponenten abhängig [Vgl. Korthauer (2013), S. 95 ff.]. Das errechnete Gewichts-Reduzierungspotenzial ist daher eine grobe Orientierung.

Durch Radnabenantriebe können Getriebe und Differenzial eingespart werden. Wie in *Kapitel 4.2.4. (Radnabenantrieb)* vorgestellt, bietet Firma Schaeffler bereits heute entsprechende Produkte mit einem Gewicht von 45 kg pro Rad an. Da für eine adäquate Fahrperformance mindestens zwei Antriebe verbaut werden müssen, beträgt das Gewicht des Antriebes, ohne Akkumulator, 90 kg. Um das Einsparpotenzial ermitteln zu können, müssen die Gewichte der Komponenten für einen Antriebsstrang mit zentral positioniertem Motor herangezogen werden. Jedoch stehen nicht genügend Gewichtsangaben für die Antriebsstrang-Komponenten eines Autos der Kompaktklasse zur Verfügung. Alternativ werden die Daten eines Tesla S (Oberklasse) verwendet. Motor, Leistungselektronik, Differenzial und Getriebe wiegen zusammen 259 kg [Vgl. ecomento (2014)]. Unter Berücksichtigung der Leistungsunterschiede der beiden Motoren von 140 kW und der Differenz der Leistungsdichten zwischen Asynchronmotor (Tesla S) und Permanenterregtem Synchronmotor (eGolf) wird das Gewicht des Tesla Antriebsstranges auf das eines eGolf dimensioniert. Insgesamt wird der Gewichtsvorteil eines Radnabenantriebes auf einen Bereich zwischen 10 und 40 kg geschätzt. Für das weitere Vorgehen wird der Mittelwert von 25 kg verwendet.

Da Leichtbau-Maßnahmen gleichermaßen für Verbrenner- und Elektrofahrzeuge angesetzt werden können, wird an dieser Stelle der Abschlussbericht *"CO2-Reduzierungspotenziale für PKW bis 2020"* der RWTH Aachen zu Hilfe genommen [Vgl. RWTH Aachen (2012)]. Im besten Fall beträgt das Potenzial der Gewichtsreduzierung eines Diesel-Fahrzeuges der Kompaktklasse bis 2022 13 % auf das aktuelle Leergewicht. Bezogen auf den eGolf ohne Akkumulator beträgt das Reduzierungspotenzial in absoluten Zahlen 156 kg. Die Leichtbaumaßnahmen beinhalten nach RWTH Aachen zwei unterschiedliche Arten - den stofflichen und den konstruktiven Leichtbau. Bei ersterem werden die bisher eingesetzten Werkstoffe (meist Stähle) durch Stoffe höherer spezifischer Festigkeit wie Aluminium, faserverstärkte Kunststoffe und Magnesium ersetzt. Die zukünftige Umsetzung hängt von den Prozess- und Fertigungstechniken ab [Vgl. Dröder (2010)]. Der konstruktive Leichtbau beinhaltet dagegen die beanspruchungsgerechte Optimierung der Fahrzeugkonstruktion inklusive der beinhalteten Systeme und Komponenten, z.B. indem Wanddicken reduziert oder Bauteile integriert und damit kompakter gebaut werden. Stoffliche Maßnahmen führen zu verstärkten Kosten, wogegen konstruktive Maßnahmen zu Kostensenkungen führen können.

In *Kapitel 4.2.3. Forschung und Entwicklung zur Verbesserung der Antriebsstrang-Komponenten* wird dargelegt inwiefern Elektromotoren hinsichtlich ihrer Leistungsdichte verbessert werden können. Das Steigerungspotenzial beläuft sich auf Faktor 1,5. Legt man einen Radnabenantrieb zu Grunde, dessen Motor etwa die Hälfte des Gesamtgewichtes (90 kg) ausmacht, wird die Gewichtseinsparung auf 15 kg geschätzt. Die Leistung bleibt dabei gleich. Die Radnabenantriebe von Schaeffler leisten jeweils 40 kW und liegen damit insgesamt auf gleichem Leistungsniveau wie ein eGolf [Vgl. Schaeffler (2014)].

Tabelle 15 fasst die Gewichts-Reduzierungspotenziale zusammen. Die maximale Gewichtseinsparung, unter Verwendung von Li-Ionen-Akkus, beträgt 312 kg (Li-S 422 kg).

Tabelle 15: Potenziale zur Reduzierung des Fahrzeug-Leergewichts am Beispiel eGolf; eigene Darstellung

		Faktor	**2015** [kg]	**2025** [kg]	Differenz [kg]
Akkugewicht - grav. Energiedichte	Li-Ionen	-1,6	318	202	116
	Li- S	-3,4	318	93	225
Antriebsstrang - Radnabenantrieb					25
E-Motor - Leistungsdichte		1,5	45	30	15
Fahrzeug - Leichtbau (ohne Akku)		-13%	1.202	1.046	156
SUMME (Li-Ionen)					**312**
SUMME (Li-S)					**422**
Leergewicht (Li-Ionen)			1.520	**1.208**	
Leergewicht (Li-S)			1.520	**1.098**	

4.4 Zusammenfassung des Entwicklungspotenzials technischer Kriterien und Ausblick

In diesem Kapitel werden die Erkenntnisse aus den Potenzialanalysen technischer Kriterien des Energiespeichers und Antriebsstranges (*Kapitel 4.1., 4.2.* und *4.3.*) zusammengefasst und dem heutigen Stand der Technik anschaulich gegenüber gestellt.

Kapitel 4.1. zeigt, welches Entwicklungspotenzial der Energiespeicher über die nächsten zehn Jahre besitzt, um den technischen Eigenschaften eines Verbrenner-Fahrzeuges näher zu kommen. Es sind deutliche Verbesserungen der aktuell verwendeten Lithium-Ionen-Technologie zu erwarten.

Die gravimetrische Energiedichte kann um den Faktor 1,6 durch neue Kathoden- und Anodenmaterialen gesteigert werden. Dadurch ist es möglich, die Reichweite bei gleichem Akku-Gewicht zu erhöhen. Die Akkumulatoren werden pro Energiemenge leichter, aber nicht kleiner, da die volumetrische Energiedichte aller Voraussicht nach nicht gesteigert werden kann. Die Lebensdauer von Lithium-Ionen-Akkus besitzt ebenfalls deutliches Entwicklungspotenzial, sollten die neuen Anoden- und Kathodenmaterialien der Siemens AG erfolgreich zum Einsatz kommen. Siemens kündigt an, dass diese neue Generation bis zu 20.000 vollständige Ladezyklen standhalten. Bei täglicher Ladung entspricht das einer Lebensdauer von über 50 Jahren. Da ein Ausfall des Akkumulators einem wirtschaftlichen Totalschaden gleichkommt, erhöht sich mit der Akku-Lebensdauer die Lebensdauer des Gesamtfahrzeugs. Weniger starkes Potenzial besitzen die volumetrische Energiedichte und die Betankungsdauer des Akkumulators. Letzteres ist dadurch bedingt, dass bisher keine Zellmaterialen gefunden wurden, die hohe Ladeströme dauerhaft schadenfrei vertragen. Im Rahmen der Expertenanalyse zur Entwicklung der Akku-Kosten kann wegen der starken Streuung keine Aussage über den Preis im Jahr 2025 getroffen werden. Dieses technische Kriterium wird damit nicht in der weiteren Betrachtung einbezogen. Es besteht jedoch die einheitliche Meinung der Experten, dass Lithium-Ionen-Akkus zukünftig einem starken Preisverfall ausgesetzt sein werden.

Neben den Forschungen zur Optimierung der Li-Ionen-Technologie zeichnet sich ab, dass Lithium-Schwefel-Akkumulatoren eine ernstzunehmende Alternative darstellen können, die angesichts der hohen Energiedichte und geringeren Materialkosten Vorteile besitzen. Nach Angaben des Fraunhofer IWS und weiterer Expertenmeinungen ist eine Etablierung dieser Technologie zwischen 2020 und 2025 sehr wahrscheinlich.

In *Kapitel 4.2.* wird gezeigt, dass zahlreiche Forschungs- und Entwicklungsaktivitäten bestehen, die Leistungsdichte von E-Motoren um den Faktor 1,5 zu steigern. Außerdem wird angestrebt, den durchschnittlichen Wirkungsgrad

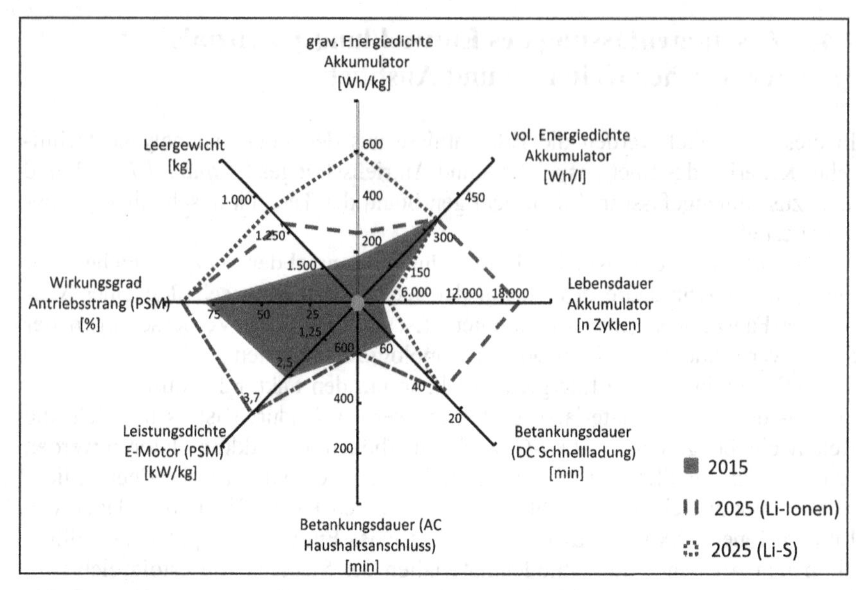

Abbildung 22: Zusammenfassung der Entwicklung technischer Bewertungskriterien, eigene Darstellung

des Antriebsstranges um bis zu fünf Prozentpunkte zu steigern und die Kosten des Gesamtsystems um zwei Drittel zu senken. Die Senkung der Produktionskosten wirkt sich positiv auf den Verkaufspreis von BEVs aus. Ein verbesserter Wirkungsgrad lässt höhere Reichweiten bei gleicher Akku-Kapazität zu. Die Reichweitendifferenz der beiden Golf-Vergleichsmodelle beträgt Faktor neun (siehe *Kapitel 3.4*). Durch die Erhöhung der gravimetrischen Leistungsdichte kann der Motor mit höherer Leistung, bei geringerem Gewicht gebaut werden, was zu einer Reduzierung des Bauvolumens führt. Entscheidet sich der Hersteller jedoch für mehr Leistung bei gleichem Gewicht und Bauraum, hätte dies Einfluss auf das Nenndrehmoment und die Nenndrehzahl des Motors.

Für alle vier vorgestellten Motorvarianten (PSM, FSM, ASM, SRM) wird nach Optimierungspotenzial geforscht. Parallel wird an einer neuen Technologie, der geschalteten Reluktanzmaschine geforscht, die wegen ihrer geringen Produktionskosten und hohem Drehzahlbereich zukünftig eine signifikante Alternative zu den gängigen Motorkonzepten darstellen kann. Jede Motorvariante bietet verschiedene Vor- und Nachteile. Die Hersteller wählen nach Kosten, Drehzahlbereich, Feldschwächbereich, Leistung, Drehmoment und Baugröße aus.

Durch Radnabenantriebe kann der Wirkungsgrad von 78 % auf 86 % erhöht und folglich die Reichweite des Elektroautos gesteigert werden. Zusammen mit

Tabelle 16: Zusammenfassung der Entwicklung technischer Bewertungskriterien, eigene Darstellung

	2015	2025 (Li-Ionen)	2025 (Li-S)	Einheit
grav. Energiedichte Akkumulator	*175*	*275*	*600*	Wh/kg
vol. Energiedichte Akkumulator	*350*	*350*	*350*	Wh/l
Lebensdauer Akkumulator	*3.000*	*20.000*	*4.000*	n Zyklen
Betankungsdauer (DC Schnellladung)	*60*	*30*	*30*	min
Betankungsdauer (AC Haushaltsanschluss)	*480*	*480*	*480*	min
Leistungsdichte E-Motor (PSM)	*2,6*	*3,9*	*3,9*	kW/kg
Wirkungsgrad Antriebsstrang (PSM)	*78*	*91*	*91*	%
Leergewicht	*1.520*	1.208	*1.098*	kg

den Optimierungsmaßnahmen kann der Wirkungsgrad des Antriebsstranges 91 % erreichen. Wird an Stelle der Permanent-Erregten-Synchronmaschine eine Fremderregte bzw. Asynchronmaschine verwendet sind entsprechend geringere Gesamtwirkungsgrade möglich (FSM: 89 %, ASM: 84 %). Jedoch eignen sich gerade PSM-Motoren wegen ihrer hohen Leistungsdichte und kompakten Geometrie besonders für den Einsatz in Radnabenantrieben. Durch den frei werdenden Bauraum ergeben sich neue Freiheitsgrade für die gesamte Fahrzeugarchitektur – bspw. können darin Akkumulatoren verbaut oder das Kofferraumvolumen erweitert werden. Darüber hinaus werden Gewicht und Kosten gespart.

In *Kapitel 4.3.* wird das Potenzial der Reduzierung des Leergewichts eines Elektrofahrzeuges am Beispiel des eGolf untersucht. Im Fokus stehen Akkumulator, Antriebsstrang, E-Motor und die Karosserie. Unter der Annahme, dass alle Optimierungsmaßnahmen zugunsten eines geringeren Gewichtes ausgelegt werden und Li-Ionen-Akkumulatoren Anwendung finden, beträgt die maximal mögliche Gewichtsreduzierung 312 kg. Unter Verwendung von Li-Schwefel-Akkumulatoren beträgt das Potenzial sogar 422 kg gegenüber dem heutigen VW eGolf. Ein geringeres Gewicht trägt maßgeblich zur Steigerung der Reichweite des Elektroautos bei (siehe *Kapitel 3.2.*). Die Beschleunigungsdauer wird gesenkt und die maximal zulässige Zuladung kann erhöht werden.

Abbildung 22 fasst die Entwicklungspotenziale des Energiespeichers, des Antriebsstrangs und des Elektromotors hinsichtlich der gewählten technischen Kriterien aus *Kapitel 3.1.* zusammen. Das Spinnendiagramm zeigt den heutigen Stand der Technik (2015) sowie die Entwicklungspotenziale von Lithium-Ionen-Akkus und Lithium-Schwefel-Akkus. Je weiter außen ein Wert liegt, desto besser ist seine Bewertung. Die Betankungsdauer bezieht sich dabei auf eine Vollladung für einen Akkumulator mit einer Kapazität von 24,2 kWh. Leergewicht und Betankungsdauer werden am Beispiel des VW eGolf dargestellt. Die Veranschaulichung beinhaltet nur die quantifizierbaren Größen. Das Entwicklungspotenzial des Innenwiderstandes sowie der Kosten und der Sicherheit des Akkumulators konnte nur qualitativ beschrieben aufgezeigt werden. Die Entwicklung der Peripheriesysteme im Fahrzeug wie Klimatisierung oder Fahrassistenzysteme werden in *Kapitel 5.3.2. Reichweitenreduzierung im Winter* und *5.3.11. Sicherheit* beschrieben. Durch Wärmepumpen kann die Reichweite im Winter erhöht werden. Radnabenantriebe bieten wegen ihrer direkten Radansteuerung Potenziale für verbesserte Fahrdynamik und Fahrassistenzsysteme, die denen eines Antriebsstrang mit zentralem Motor überlegen sind.

Die Auswirkungen der technologischen Verbesserungen auf die Effektkriterien werden im folgenden Kapitel (*Kapitel 5*) untersucht.

5 Entwicklungspotenzial der Effektkriterien der ICE- und BEV-Technologien

In diesem Kapitel werden die möglichen zukünftigen Entwicklungen der Effektkriterien sowohl der ICE- als auch der BEV-Technologie untersucht. Zunächst wird die jeweilige Vorgehensweise erklärt (*Kapitel 5.1.* und *5.2.*), bevor auf die Einzelheiten der Effektkriterien eingegangen wird (*Kapitel 5.3.*). In *Kapitel 5.4.* werden die Ergebnisse der beiden Technologien zusammenfassend gegenüber gestellt, um zu prüfen ob BEVs auch 2025 gegenüber der Verbrenner-Technologie Defizite aufweisen, ob die Defizite gegenüber dem Zeitpunkt 2015 kleiner oder größer geworden sind oder ob neue defizitäre Effektgrößen prognostiziert werden. Die genauen Zahlenwerte der projizierten Entwicklung sind in *Anhang 7.2.* ersichtlich. Am Ende erfolgt eine kritische Würdigung der Ergebnisse (*Kapitel 5.5.*) um das eigene Vorgehen sowie die Ergebnisse differenziert zu betrachten und die Arbeit einzuordnen.

5.1 Vorgehensweise bei der ICE-Technologie

In Anlehnung an die statistischen Grundlagen aus *Kapitel 2.4. Analysemethoden der Statistik* wird die Vorgehensweise für Potenzialanalyse der ICE-Technologie wie folgt beschrieben:

Ziel ist es, eine Projektion der Effektkriterien von ICE-Fahrzeugen auf das Jahr 2025 anzufertigen. Da die Verbrennertechnologie eine lange Historie aufweist, bietet es sich an, auf die Effektgrößen vergangener Fahrzeugmodelle zurückzugreifen um zukünftige Werte zu erzeugen. Mit Hilfe einer Regressionsanalyse kann anschließend ein Trend mittels Regressionsfunktion ermittelt und durch eine Regressionslinie grafisch veranschaulicht werden. Die jeweilige Kurve bildet die Basis für eine Projektion der Werte bis zum Jahr 2025. Unter Berücksichtigung bevorstehender äußerer Einflüsse auf die technologische Entwicklung der ICE-Fahrzeuge werden die errechneten Zukunftswerte anschließend manuell angepasst (siehe *Kapitel 5.1.3. Manuelle Anpassung der Projektionen*). Ziel dieser Vorgehensweise ist es, eine möglichst hohe Genauigkeit der Prognosewerte zu erzeugen.

Mittels grafisch-mathematischer Methoden wurden die Kriterien CO_2-Ausstoß, Reichweite, Verkaufspreis, Höchstgeschwindigkeit, Beschleunigung, Kofferraumvolumen, maximal zulässige Zuladung und Lebensdauer auf ihre Entwicklung untersucht. Bei den Kriterien Sicherheit, Betankungsdauer und Innengeräusch ist aufgrund mangelnder Datenlage keine statistische Auseinandersetzung möglich. In Anhang 7.2. sind alle erhobenen Daten der Produktreihe I - VII ersichtlich, zeitlich geordnet nach Beginn der Produktionsphasen.

5.1.1 Auswahl der Fahrzeugmodelle für die Untersuchung

Zunächst werden sämtliche Fahrzeugdaten vergangener Modelle gesammelt. Dafür ist es von Vorteil, einen Hersteller zu finden, der über viele Jahre viele Modelle produziert hat. Je mehr Daten zur Verfügung stehen, desto verlässlicher wird die Projektion der Zukunftswerte [Vgl. Bortz (2005), S. 196]. Der Automobilhersteller Volkswagen AG mit seiner Baureihe Golf produzierte seit 1974 sieben Modelle. Das ist eine vergleichsweise lange Historie. Da in *Kapitel 3 Vergleich der aktuellen BEV- und ICE-Technologien* bereits zwei Golfmodelle (VW Golf VII und VW eGolf) miteinander verglichen wurden, bietet es sich besonders an, die Golf-Baureihe auch in diesem Kapitel für die Potenzialanalyse der Verbrennertechnologie zu verwenden. Die Ergebnisse sollen dann anhand dieses Beispiels repräsentativ für die Entwicklung der ICE-Fahrzeuge der Mittelklasse stehen.

Jedes Golf-Modell wird in verschiedenen Varianten angeboten. So wurde bspw. der erste Golf zwischen 1974-1983 mit Dieselmotor in 3 Varianten (1,5 Diesel / 50 PS, 1,6 Diesel / 54 PS, 1,6 Turbodiesel / 70 PS) gefertigt.

Damit die Modelle miteinander vergleichbar sind, ist es wichtig eine Variante des jeweiligen Modells zu wählen, die immer das Gleiche oder zumindest sehr ähnliche Kriterium aufweist. Eingangs dieser Arbeit wurde ein Vergleich zwischen VW eGolf und VW Golf VII angestellt. Dabei wurde die Variante des Golf VII so gewählt, dass dieser in etwa die gleiche Motorausgangsleistung und Drehmoment aufweist wie der eGolf. Dieser *Golf VII 1.6 TDI BlueMotion Trendline (DPF)* ist einer unter fünf produzierten Varianten der Baureihe 2012-2017. Ordnet man diese Varianten nach der Motorausgangsleistung an, befindet sich dieser in der Mitte mit 110 PS. Die Variante mit der niedrigsten Motorisierung leistet 90 PS; die der höchsten Motorisierung 184 PS. Um einen Vergleich verschiedener Modelle anstellen zu können, werden jene Dieselvarianten ausgewählt, die sich - geordnet nach der Motorleistung -, in der Mitte positionieren. Schließlich wurden 7 Modelle aus insgesamt 45 verschiedenen Varianten ausgewählt. Vom Modell Golf 1 wird demnach die Variante - 1,6 Diesel mit 54 PS - verwendet.

5.1.2 Regressionsanalyse und Prognose von Zukunftswerten

Zunächst wird eine Regressionsgleichung ermittelt, welche einerseits durch das Bestimmtheitsmaß R, andererseits durch ihre grafische Erscheinung im Diagramm, inkl. Prognosezeitraum bis 2025, überzeugt. Das bedeutet, dass eine Kurve zwar das höchste Bestimmtheitsmaß aufweisen kann, im Prognosezeitraum aber plötzlich stark abfällt oder ansteigt oder gar die X-Achse schneidet. Eine solche Kurve wird demzufolge nicht verwendet.

Laut Angaben der Volkswagen AG soll die Produktion des Golf VIII im Jahr 2017 starten. Die Zeitspannen zwischen den Modell-Markteinführungen betragen seit Einführung des Golf I bis Golf VII im Mittel 5,33 Jahre, Tendenz fallend. Daher wird von einem Beginn der Produktion des Golf IX im Jahr 2022 ausgegangen. Dieses Modell wird dann höchstwahrscheinlich auch 2025 noch aktuell sein.

5.1.3 Manuelle Anpassung der Prognosen

Im Anschluss der statistisch erzeugten Prognosen erfolgt eine genauere Betrachtung der Prognosewerte. In Abhängigkeit von zukünftig zu erwartenden Einflüssen können die Prognosen in subjektiver Einschätzung nach oben oder unten korrigiert werden. Ziel der manuellen Anpassung ist es, realistische Ergebnisse zu erzeugen, in dem neben den üblichen Produktvariationen im Sinne einer kundenorientierten Marketing-Produktpolitik [Vgl. Albers/Herrmann (2007)] auch externe Faktoren, wie bspw. politische Einflüsse, in das Ergebnis einbezogen werden. Durch Kombination einer statistischen Prognose mit einer manuellen Anpassung wird aus der Prognose eine Projektion [Vgl. Wirtschaftslexikon (2015)].

Im Weißbuch *"Fahrplan für den Übergang zu einer wettbewerbsfähigen CO2-armen Wirtschaft 2050"* der Europäischen Kommission wurde, neben vier weiteren Kernmaßnahmen, die schrittweise Begrenzung der CO_2-Emissionen für Pkw formuliert. Das Weißbuch ist am 1. Januar 2012 in Kraft getreten. Ab 2015 sollen die durchschnittlichen CO_2-Emissionen der europäischen Pkw-Neuwagenflotte auf 130 gCO_2/km und ab 2020 auf 95 gCO_2/km reduziert werden. Bei Überschreitung der Zielwerte sind Strafzahlungen seitens der Hersteller fällig. Die Hersteller werden also gezwungen, technologische Veränderungen vorzunehmen, um die definierten CO_2-Grenzwerte einhalten zu können. Um besser einschätzen zu können welche Komponenten verbessert werden können und in welchem Maß dies passieren kann, wird die Studie *"CO_2-Reduzierungspotenziale bei PKW bis 2020"* der RWTH Aachen zu Hilfe genommen. In dieser werden, unter anderem, die mit der Festlegung des CO_2-Zielwertes für 2020 verbundenen möglichen Auswirkungen auf die deutsche und europäische Automobil- und Zulieferindustrie untersucht. Tabelle 17 fasst zusammen, welche technologischen Maßnahmen hinsichtlich Effizienzsteigerung und CO_2-Reduzierung möglich sind. Einige Maßnahmen sind bereits entwickelt und in Fertigung, andere befinden sich in der Entwicklung, und weitere sollen in den nächsten Jahren erforscht werden. Maßnahmen, die sich nicht auf Komponenten des ICE-Antriebsstrangs konzentrieren, können auch für die Entwicklung der BEV-Technologie angenommen werden.

Tabelle 17: Möglichkeiten für Technologieverbesserungen in der Mittelklasse; eigene Darstellung nach RWTH Aachen (2012)

Möglichkeiten von Technologieverbesserungen in der Mittelklasse (Stand Januar 2012)	
Motor	Downsizing **(mehrstufig)**
	Verbrennungssteuerung
	verbesserte Kühlung und Strömung (AGR)
	variable Verdichtung
	Zylinderabschaltung
	Ventilsteuerung - vollvariabel
Getriebe	Getriebeoptimierung / Downspeeding
	Doppelkupplungsgetriebe
übergreifende Maßnahmen	Reibungsreduzierung im Antriebsstrang
	Elektrifizierung von Nebenaggregaten
	Thermomanagement
	Wärmeenergierückgewinnung (Rankine-Zyklus)
	Wärmeenergierückgewinnung (Thermoelektrischer Generator)
Fahrwider-stände	Rollwiderstandsreduzierte Reifen
	Aerodynamik-Optimierung
	Aerodynamik-Design
	Leichtbau - Karosserie **(mehrstufig)**
	Leichtbau - Komponenten
	Serie verfügbar bis 2014
	Serienentwicklung verfügbar ab 2014 - 2018
	Vorentwicklung verfügbar ab 2018 - 2022
	Forschung ab 2022

5.1.4 Erläuterungen zu den Diagrammen bezüglich des technischen Entwicklungspotenzials

Zur Veranschaulichung der Zeitreihenanalyse werden Punktdiagramme gewählt. Diese stellen die vergangene Entwicklung eines Effektkriteriums (Y-Achse) in Abhängigkeit des Startjahres der Modell-Produktion (X-Achse) dar. Die Daten werden dem Hersteller, ADAC Autotest-Berichten und Automobil-Verkaufsbörsen entnommen. Im ersten Diagramm (*Reichweite* auf Seite 90) befinden sich der Vollständigkeit halber an jeden Datenpunkt die Jahreszahl und die Y-Werte. Für eine bessere Übersicht wird in den folgenden Diagrammen auf die Jahreszahl verzichtet. Die schwarz markierte Ausgleichslinie ist entweder als lineare, exponentielle oder polynomische Kurve (zweiten Grades) ausgeführt. Sie verläuft von 1974 bis 2012 und darüber hinaus bis zum Jahr 2025 um den zukünftigen Trend fortzuschreiben. Als rot gestrichelte Linien sind in jedem Diagramm die Markteinführungen der neuen Golf-Modelle, Golf VIII und Golf IX, gekennzeichnet. Manuell korrigierte Zukunftswerte finden sich als Punktdiagramm in Form eines Dreiecks wieder. In der jeweiligen Legende sind, neben dem Regressionskurven-Typ und Namen der Datenpunkte, die Regressionsgleichung und das zugehörige Bestimmtheitsmaß R^2 erkenntlich. Die genauen Zahlenwerte der Diagramme sind in *Anhang 7.1* ersichtlich.

5.2 Vorgehensweise bei der BEV-Technologie

Grundlage für die Untersuchung der zukünftigen Entwicklung der BEV-Effektkriterien bilden die *Kapitel 3* und *Kapitel 4*, in denen technische Einflüsse auf die Effektkriterien ermittelt und die Entwicklung technischer Bewertungskriterien analysiert werden. Darüber hinaus ist es notwendig, diverse Annahmen für eine mögliche zukünftige Fahrzeuggestaltung zu treffen, die eine Projizierung der Effektkriterien auf 2025 erst ermöglichen.

Ein Fahrzeug kann je nach Produktpolitik des Herstellers verschieden ausgelegt werden. Die verschiedenen Auslegungsmöglichkeiten eines Fahrzeuges sollen an einem Beispiel verdeutlicht werden: Durch Steigerung der gravimetrischen Energiedichte des Energiespeichers können die Autos zukünftig entweder leichter bei gleicher Akku-Kapazität oder gleich schwer bei höherer Akku-Kapazität gebaut werden. Ersteres begünstigt die maximal zulässige Zuladung. Zweites begünstigt die Reichweite. Um möglichst das gesamte Entwicklungspotenzial aufzuzeigen werden zwei grundverschiedene Zukunftsmodelle (Modell leicht und Modell hohe Reichweite) erstellt. Diese Modelle beinhalten Annahmen zur Gestaltung des Fahrzeuges.

Modell „leicht“

Das Modell „leicht“ soll ein leichtes E-Fahrzeug mit geringem Verbrauch und geringen Kosten darstellen. Die Reichweite und die Motorleistung spielen dabei eine untergeordnete Rolle.

Modell „hohe Reichweite“

Das Modell „hohe Reichweite“ wird gewählt, um die maximal mögliche Reichweite des zukünftigen E-Fahrzeuges bei hoher Motorleistung zu untersuchen. Dabei spielen der Verkaufspreis und das Motorgewicht eine untergeordnete Rolle. Beiden Modellen wird die Radnabenantriebs-Technologie von Schaeffler, Leichtbaumaßnahmen im gesamten Fahrzeugbereich sowie die allgemeinen Wirkungsgradsteigerungen des Antriebsstranges zugrunde gelegt. Tabelle 18 fasst die Annahmen der beiden Modelle zusammen.

Tabelle 18: Die BEV-Modelle leicht und hohe Reichweite für das Jahr 2025, eigene Darstellung

	Modell leicht	***Modell hohe Reichweite***
Akkumulator	Steigerung der gravimetrischen Energiedichte	
	-> Gewichtsreduzierung -> gleiche Kapazität wie 2015	-> gleiches Gewicht wie 2015 -> Steigerung Kapazität
E-Motor	Steigerung der gravimetrischen Leistungsdichte	
	-> Gewichtsreduzierung -> gleiche Leistung wie 2015	-> gleiches Gewicht wie 2015 -> Steigerung Leistung
Antriebsstrang	Steigerung Wirkungsgrad	
Antriebsstrang	Radnabenantrieb	
Fahrzeug	Leichtbau	

5.3 Einzelheiten der Effektkriterien

Gemäß der Methodikbeschreibung aus *Kapitel 1.4.* wird im Folgenden die Entwicklung der ICE- und BEV-Technologie anhand der Effektkriterien projiziert.

5.3.1 Reichweite

ICE-Technologie

Die Regressionskurve (Exponentiell) weist eine starke Nähe zu den Datenpunkten auf. Das Bestimmtheitsmaß beträgt fast 1. Über die gesamte Modell-Historie hinweg konnte die Reichweite gesteigert werden. Grund dafür sind fortwährende

Optimierungs- und Entwicklungsmaßnahmen bestehender und neuer Antriebsstrangtechnologien. Es sei angemerkt, dass das Tankvolumen zwischen dem ersten und zweiten Golf von 44 auf 55 Liter zu Gunsten der Reichweite vergrößert und vom sechsten auf den siebenten Golf von 55 auf 50 Liter wieder reduziert wurde. Der Verbrauch konnte beim zweiten Golf, entgegen der Vermutung aus dem Regressionslinien-Verlauf, nicht so stark gesenkt werden wie in den darauffolgenden Modellen. Beim aktuellen Golf VII konnte der Verbrauch zwar von 4,2 auf 3,8 l/100km gesenkt werden. In Anbetracht der Tankvolumen-Verkleinerung bleibt die Reichweite beim letzten Datenpunkt jedoch auf dem Niveau des Vorgängermodells. Auf die zukünftigen technologischen Entwicklungen werden sich besonders die CO_2-Reduzierungsvorgaben der Bundesregierung und die damit verbundenen Downsizing- und Effizienzsteigerungs-Programme der Hersteller auswirken.

"Die erfolgreichen TDI-Motoren des VW-Konzerns bilden die Grundpfeiler der Strategie der fortlaufenden Effizienzsteigerung. Mit dem Modularen Querbaukasten (MQB) werden weitere völlig neu entwickelte Otto- und Dieselmotoren folgen. Innovationen wie nadelgelagerte Nockenwellen, kombinierte Benzindirekt- und Saugrohreinspritzung und integrierte Abgaskrümmer werden zukünftig zum Einsatz kommen. Die Zahl der Neuheiten im Bereich der Antriebe reißt nicht ab: Neben der Zylinderabschaltung (ACT), die auf dem Gebiet der Vierzylindermotoren eine Weltneuheit in dieser Leistungs- und Hubraumklasse darstellt, wird mit dem Modularen Dieselbaukasten (MDB) eine vollkommen neue Generation von Drei- und Vierzylindermotoren Maßstäbe in Bezug auf Fahrspaß, Sauberkeit und Effizienz setzen [...]" [pressrelations (2012)].

So äußerte sich die VW AG im Jahr 2012. Der Konzern verkündete außerdem, dass dieser ambitionierte Weg fortgeführt werden soll. Schon für 2015 wird das Ziel der CO_2-Reduktion der europäischen PKW-Neuwagenflotte auf unter 120 g/km angestrebt [Vgl. pressrelations (2012)].

Vor diesem Hintergrund und der leicht progressiv ansteigenden Ausgleichslinie der Reichweite, lassen sich zwar weitere Reichweiten-Steigerungen vermuten. Jedoch wird davon ausgegangen, dass Volkswagen auch zukünftig eine Verkleinerung des Tankvolumens zu Gunsten der Gewichtsreduzierung und Bauraumeinsparung anstrebt. Für die zukünftigen Modelle wird daher keine Reichweiten-Steigerung angenommen. Gemäß *Kapitel 5.3.12. CO_2-Emissionen* besteht das Potenzial den Diesel-Verbrauch des Golf IX auf bis zu 2,5 l/100km zu senken. Damit wären bei gleichbleibenden Tankvolumen von 55 Liter sogar 2.200 km weite Fahrten möglich. Eine Reduzierung der Reichweite erscheint aus Marketing-Gründen unrealistisch.

Abbildung 23: Entwicklung der Reichweite ICE, eigene Darstellung

BEV-Technologie

In *Kapitel 4.1.3. Forschung und Entwicklung zur Verbesserung der Lithium-Ionen-Technologie* wird das Zukunftspotenzial der gravimetrischen und volumetrischen Energiedichte von Li-Ionen- sowie Li-S-Akkus untersucht. Damit kann der Akkumulator bei gleicher Kapazität zukünftig leichter oder bei gleichem Gewicht mit höherer Kapazität verbaut werden. Die volumetrische Energiedichte wird dagegen zukünftig nicht gesteigert werden können. Das Akku-Volumen stellt einen wichtigen limitierenden Faktor bei der Wahl der Akku-Kapazität dar (siehe *Kapitel 5.3.9. Kofferraumvolumen* auf Seite 108). In den *Kapiteln 4.2.3. Forschung und Entwicklung zur Verbesserung der Antriebsstrang-Komponenten* und *4.2.4. Neue Antriebsstrang-Konzepte* werden die Möglichkeiten zur Verbesserung des Antriebsstrang-Wirkungsgrades und der E-Motor-Leistungsdichte betrachtet. Der Einfluss verschiedener technologischer Verbesserungen auf das

Leergewicht wird in *Kapitel 4.3. Gewichtsreduzierung* untersucht. Ein geringeres Fahrzeug-Gewicht senkt den Energieverbrauch. Die Gewichtsdifferenz kann aber auch dazu genutzt werden, höherkapazitive Akkumulator zugunsten höherer Reichweite zu verbauen. Komfortfunktionen, wie Klimatisierung der Fahrgastzelle, Akku-Heizung, Radio, Licht, etc., beeinflussen den Stromverbrauch bei Nutzung maßgeblich [Vgl. Braess/Seiffert (2013), S. 83]. Die Potenzialanalyse der Reichweite von Elektroautos wird im Rahmen dieser Arbeit jedoch auf Basis von Normalbedingungen (siehe *Kapitel 3.3. Referenzfahrzeug*) ohne den Gebrauch von Komfortfunktionen durchgeführt, da der Gebrauch der Funktionen in der Praxis stark variiert und nur mit erhöhtem Aufwand pauschalisiert werden kann. *Kapitel 5.3.2. Reichweitenreduzierung im Winter* gibt diesbezüglich weitere Zukunftsausblicke.

Die Berechnungsergebnisse für die Modelle „leicht" und „hohe Reichweite" unter Zusammenführung der Zukunftsaussichten aus den genannten Kapiteln, sind in Tabelle 19 einzusehen.

Tabelle 19: Ermittelte Parameter zur Berechnung der zukünftig möglichen Reichweite für die Modelle leicht und hohe Reichweite sowie Li-Ionen- und Li-S-Akkus, eigene Darstellung auf eigenen Berechnungen

Modell leicht	-	**2015**	**2025**
Wirk.grad ATS	%	78	91
Leergewicht (Li-Ionen)	kg	1.520	1.208
Leergewicht (Li-S)	kg		1.098
Kapazität (Li-Ionen)	kWh	24,2	24,2
Kapazität (Li-S)	kWh		24,2
Reichweite nach NEFZ (Li-Ionen)	**km**	160	**236**
Reichweite nach NEFZ (Li-S)	**km**		**249**
Modell hohe Reichweite	-		
Wirk.grad ATS [%]	%	78	91
prakt. grav. Energiedichte (Li-Ionen)	kWh/kg	0,076	0,076
prakt. grav. Energiedichte (Li-S)	kWh/kg	0,259	0,259
Gewicht Akkumulator (Li-Ionen)	kg	318	514
Gewicht Akkumulator (Li-S)	kg		242
Leergewicht (Li-Ionen)	kg	1.520	1.520
Leergewicht (Li-S)	kg		1.308
Kapazität (Li-Ionen)	kWh	24,2	62,6
Kapazität (Li-S)	kWh		62,6
Reichweite nach NEFZ (Li-Ionen)	**km**	160	**541**
Reichweite nach NEFZ (Li-S)	**km**		**606**

Modell „leicht"

Unter Berücksichtigung der Gewichtseinsparungen – durch höhere gravimetrische Energiedichte des Akkumulators, Radnabenantriebe, Steigerung der Motor-Leistungsdichte, Leichtbaumaßnahmen und den Wirkungsgradverbesserungen am Antriebsstrang erhöht sich die Reichweite für das Jahr 2025 im Modell leicht. Eine Simulation nach NEFZ Vorgaben (siehe *Kapitel 2.6. Neuer Europäischer Fahrzyklus*) ergibt eine theoretische Reichweite für Li-Ionen-Akkus von 236 km. Unter Anwendung von Li-S-Akkus ist der Gewichtsvorteil durch die gravimetrische Energiedichte noch geringfügig größer.

Modell „hohe Reichweite"

Für dieses Modell wird zunächst davon ausgegangen, jegliche Gewichtseinsparung durch Akku-Kapazität zu ersetzen um eine möglichst hohe Reichweite zu erzielen. Für Li-Ionen-Akkus ergibt sich unter Beachtung aller technologischen Verbesserungsmaßnahmen eine Reichweite nach NEFZ von 541 km.

Die Berechnung der Reichweite des Referenzfahrzeuges auf Basis eines Li-S-Akkus fällt etwas komplizierter aus. In *Kapitel 5.3.9. Kofferraumvolumen* wird gezeigt, dass nicht unendlich viel Akkumulator in einem Kompaktklasse-Fahrzeug verbaut werden kann, da der Bauraum einen limitierenden Faktor darstellt. Demnach können beim Li-S-Akku nicht die gesamten Gewichtseinsparungen durch Akkumulator ersetzt werden, so dass die gleiche Kapazität angesetzt wird wie für Li-Ionen-Akkus (62,6 kWh). Somit reduziert sich das Gewicht des Akkumulators bei gleicher Baugröße, unter Berücksichtigung der praktischen gravimetrischen Energiedichte (siehe *Kapitel 4.1.3. Energiedichte*) auf 242 kg. Die Reichweite fällt daher, wegen dem geringeren Verbrauch, etwas höher aus als bei Li-Ionen-Akkus aus. Um die praktische gravimetrische Energiedichte von Li-S-Akkus zu ermitteln wird der Faktor zwischen theoretischer gravimetrische Energiedichte von Li-Ionen zu Li-S mit der praktischen gravimetrischen Energiedichte von Li-Ionen-Akkus multipliziert.

5.3.2 Reichweitenreduzierung im Winter

ICE-Technologie

Hintergründe der Reichweitenreduzierungen werden in *Kapitel 3.4.* auf Seite 20 erläutert. Die Verwendung von energieeffizienterer Klimatisierungstechnik wie bspw. Wärmepumpen oder Motor-Vorwärmungen auf Betriebstemperatur stellen keine technologischen Herausforderungen dar. Es muss lediglich eine kosteneffiziente Integrierung erfolgen. Die Verbesserungen der Reichweitenreduzierungen im Winter werden auf 2% geschätzt. Eine statistische Auseinandersetzung ist nicht notwendig.

BEV-Technologie

In *Kapitel 4.1.3.* wurde der Einfluss niedriger Temperaturen auf den Innenwiderstand des Akkumulators thematisiert. Verbesserungen der Li-Ionen-Chemie hinsichtlich dieser Problematik sind nicht in Aussicht. Der Temperatureinfluss kann mit externer Erwärmung der Akku-Zellen umgangen werden. Um den Akkumulator effizient zu beheizen ohne einen hohen Verlust an Speicherenergie hinnehmen zu müssen, können Wärmepumpen eingebaut werden, die mit geringer elektrischer Energie viel Wärmeenergie produzieren. Aktuelle Produkte besitzen einen Coefficient of Performance (COP) von bis zu 4,5. Das bedeutet, mit dem Einsatz von elektrischer Energie kann die 4,5-fache Energiemenge an Wärme produziert werden. Damit lässt sich laut Braess/Seiffert der Reichweitenverlust von bis zu 50 % auf 15 % senken [Vgl. Braess/Seiffert (2013), S. 83]. Neben der Beheizung des Akkumulators können Wärmepumpen auch den Fahrgastraum versorgen. Allerdings sind sie bisher noch nicht Teil der Serienausstattung. VW bietet Wärmepumpen als Sonderausstattung für 975 EUR Aufpreis an [Vgl. VW (2015)]. Weitere Bemühungen gehen bspw. in Richtung einer "Klimatisierung näher am Menschen" oder "Bioethanolbrenner" - bereits umgesetzt im Projekt Visio.M der TU München [Vgl. TUM (2015)] oder Thermobatterien auf Basis von Metallhydriden [Vgl. charged (2015)]. Auch die Verwendung von Brennstoffzellen stellt eine Möglichkeit dar, die Reichweite zu erhöhen. Alle Maßnahmen können Elektrofahrzeuge künftig effektiv heizen und/oder kühlen, ohne die Reichweite maßgeblich zu beeinflussen.

Die Li-S-Technologie besitzt eine bessere Temperaturverträglichkeit von -50°C bis +65°C, sodass davon ausgegangen wird, dass der Innenwiderstand in geringerem Maße mit sinkender Temperatur ansteigt als bei Li-Ionen.

5.3.3 Betankungsdauer

ICE-Technologie

Sollten die Tankvolumen, aufgrund der Reichweitensteigerungen durch Effizienz-steigerungen kleiner werden, ist von geringfügig kürzeren Betankungszeiten auszugehen.

BEV-Technologie

Es wird die Annahme getroffen, dass die Ladedauer direkt proportional zur Kapazität wächst, da keine Ladekennlinien vorliegen. In der Praxis liegt für die letzten 20 % Kapazität ein asymptotischer Ladekurven-Verlauf vor. Demnach wirkt sich dieser Bereich mit steigender Kapazität stärker auf die Gesamtladedauer aus. Die Betankungsdauer wird zukünftig prinzipbedingt nicht gesteigert werden können (siehe *Kapitel 4.1.3.* auf Seite 50).

Bei einer Kapazität von 62,2 kWh im Modell hohe Reichweite beträgt die Ladedauer im langsamen Modus über 20 Stunden. Die Ladedauer von Li-S-Akkus ist gleich (siehe *Kapitel 4.1.3. Ladedauer*). Unter Verwendung von DC-Schnellladung kann die Dauer auf ca. 1,25 h gesenkt werden.

5.3.4 Verkaufspreis

ICE-Technologie

Für das Modell Golf 1 (Diesel) konnte kein verlässlicher Originalpreis recherchiert werden. Der Basisgolf Benzin startete bei 8.000 DM. Die 1976 eingeführte GTI Variante gab es für 13.850 DM. Im gleichen Jahr startete die Produktion des Golf Diesel. Der Preis für das gewählte Modell wird daher auf 11.000 DM geschätzt. Das entspricht ca. 5.500 EUR. Die Vor-Euro-Preise wurden der Online-Automobil-Tauschbörse "AutoScout24 Autokatalog" entnommen. Durch Rücksprache mit dem Service-Team von autoscout24 wurde überprüft ob die angegebenen Originalpreise in Euro realistisch sind. Nach deren *"[...] Kenntnisstand handelt es sich um Originalpreise. Es sind Richtwerte die sich auf die offiziellen Preislisten der Hersteller beziehen"* [AutoScout24 (2015)].

Die gewählte polynomische Trendlinie in Abbildung 24 weist eine hohe Nähe zu den Datenpunkten auf ($R^2 = 0,975$). Auffällig in der Betrachtung sind die Preise der letzten drei Modelle. Sie bewegen sich auf sehr ähnlichem Niveau zwischen 22.175 und 23.115 EUR. Würde man einen Trend auf Basis dieser drei Werte fortschreiben, fiele die Linie (linear) sogar leicht ab. Die Gründe dafür wurden im Rahmen dieser Arbeit nicht ermittelt.

Durch die Nutzung der neuen Produktionsarchitektur, dem sogenannten Modularen Querbaukasten (MQB) können die Komplexität und die Kosten der Fahrzeuge gesenkt werden [Vgl. AMS (2014)]. Dieses System soll auch in den zukünftigen Modellen Anwendung finden. Das lässt die Vermutung aufkommen, dass der Preis zukünftig entweder gleich bleibt oder nur moderat gesteigert wird. Für eine Steigerung der Kosten sprechen die Innovationsvorhaben von Volkswagen, die notwendig sind um den CO_2 Vorgaben der EU Folge leisten zu können. Aus den genannten Gründen und den inflationsbedingten Preissteigerungen wird eine manuelle Anpassung vorgenommen. Es wird geschätzt, dass die nächsten beiden Modelle 23.500 und 24.000 EUR kosten werden.

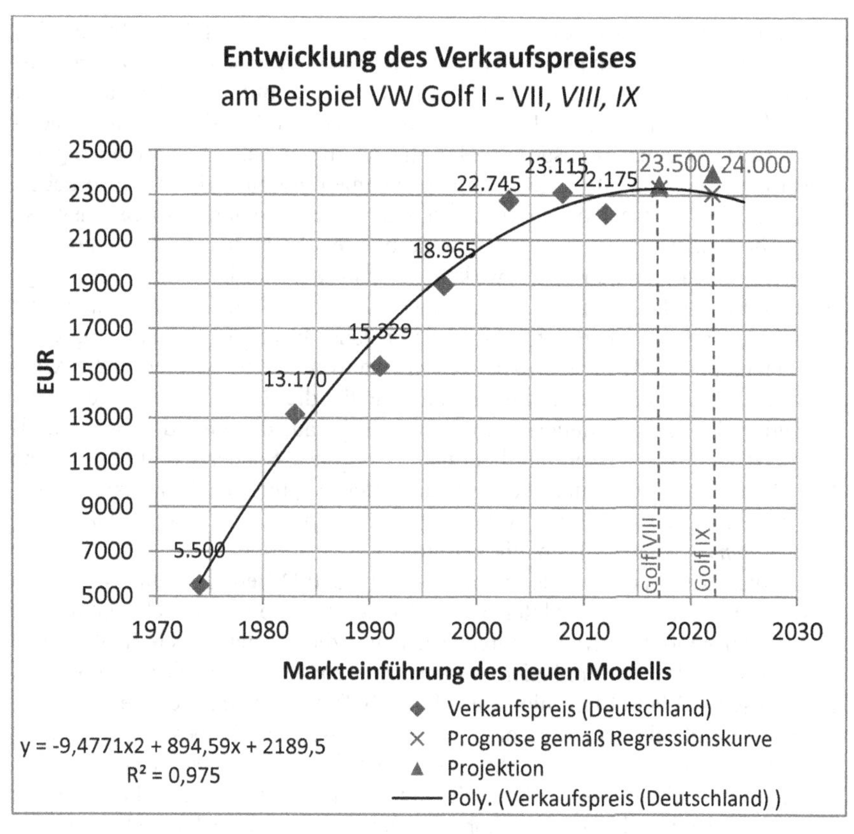

Abbildung 24: Entwicklung Verkaufspreis ICE, eigene Darstellung

BEV-Technologie

Die Kosten für elektrische Bauteile, ohne Akkumulator, wie Elektromotor oder Leistungselektronik entsprechen ungefähr den Preisen der wegfallenden, traditionellen Komponenten. Damit wäre auch die Herstellung eines Elektroautos ohne den Akkumulator zum heutigen Zeitpunkt ähnlich teuer wie die eines Golf VII (22.175 EUR) [Vgl. emobility.volkswagen.de (2015)]. Unter Annahme eines heutigen Akku-Preises von 350 EUR/kWh (siehe *Kapitel 4.1.3. Akku-Kosten*) betragen die Kosten für den eGolf-Akku bereits 8.470 EUR. Dieser Wert gilt jedoch nur für die Anschaffung der Zellen. Der auf das jeweilige Fahrzeugkonzept abgestimmte Einbau in ein entsprechendes Gehäuse inkl. Anschlüssen, Kühlung etc. erhöhen die Kosten zusätzlich. Unter diesen Annahmen ergeben sich Kosten zur Fertigung eines Komplett-Akkus von ca. 50 % der reinen Zellkosten.

Einige Experten erwarten bereits im Jahr 2020 einen Preis bis zu 170 EUR/kWh, wobei die Expertenmeinungen eine so hohe Streuung aufweisen, dass kein einheitlicher Erwartungswert für das Jahr 2025 ermittelt werden kann (siehe *Kapitel 4.1.3. Akku-Kosten*). In jedem Fall aber besitzt der Akkumulator beachtliches Kosten-Reduzierungspotenzial. Entgegen dieser Tatsache wird ein eigener Erwartungswert von 200 EUR/kWh angenommen um einen Einblick zu geben, wie sich eine solche Kostensenkung auf den Gesamt-Fahrzeugpreis auswirkt. Mögliche Skalen- und Lernkurveneffekte bei der Produktion und Montage des Fahrzeuges ohne Akkumulator wirken der jährlichen Inflation entgegen [Vgl. Bertram/Bongard (2014), S. 131]. Mit den heutigen Komponenten bliebe der Grundfahrzeugpreis ohne den Akkumulator daher bestehen. Die Nutzung einer Wärmepumpe zur Reduzierung der Reichweitenverluste im Winter (siehe *Kapitel 5.3.2.*) stellt eine notwendige Bedingung für die Zukunft dar, so dass der derzeitige Sonderausstattungs-Aufpreis von 975,- auf den Grund-Fahrzeugpreis angesetzt wird. Die Vermutung liegt nahe, dass diese Sonderausstattung in zehn Jahren zur Serie gehört und wegen Skaleneffekten preisgünstiger ausfällt. Skaleneffekte sind jedoch schwer zu berechnen. In *Kapitel 5.5 Kritische Würdigung der Ergebnisse* wird die Thematik vertieft.

Durch Radnabenantriebe können Getriebe und Differenzial eingespart werden (siehe *Kapitel 4.2.4.*). Unter der Annahme, dass sie sich in zehn Jahren auf dem Elektromobilitäts-Markt durchsetzen und die Kosten durch Skalen- und Lernkurveneffekte stark reduziert werden, wird ein Kostenreduzierungspotenzial von pauschal 4.000 EUR hinzugerechnet. Selbst wenn das jetzige Antriebsstrang-Konzept mit Zentralmotor, Differenzial und Getriebe bestehen bleibt, ist von einer Kostendegradation um zwei Drittel der heutigen Antriebsstrang-Kosten auszugehen, bspw. durch E-Motoren höherer Leistungsdichte (siehe *Kapitel 4.2.3.*). Für das Modell „hohe Reichweite" wird jedoch eine höhere Motorleistung benötigt, um die gleichen Beschleunigungswerte wie beim VW Golf zu ermöglichen (siehe *Kapitel 5.3.7. Beschleunigung*). Dadurch erhöht sich der Preis.

Insgesamt kann der Fahrzeugpreis im Jahr 2025 im Modell „leicht" um 24 % gesenkt werden. Im Modell „hohe Reichweite" hingegen erhöhen sich die Anschaffungskosten um 9 %.

Bei Verwendung von Li-S-Akkus bestehen die gleichen Preis-Entwicklungs-Annahmen. Darüber hinaus besteht Potenzial, dass Li-S-Zellen um ca. 10 % günstiger gefertigt werden können als Li-Ionen-Zellen, da teure Kathodenmaterialien durch das günstige Schwefel ersetzt werden (siehe *Kapitel 4.1.4. Zukunftstechnologien*). Dementsprechend ergeben sich geringere Gesamtkosten.

Tabelle 20 fasst die mögliche Preisentwicklung des VW eGolf anhand der Modelle leicht und hohe Reichweite zusammen.

Tabelle 20: Gesamtpreis im Jahr 2025 für die Modelle „leicht" und „hohe Reichweite", eigene Darstellung, eigene Berechnungen

		2015	**2025**	
		eGolf	***Modell leicht***	***Modell hohe Reichweite***
Akku-Kapazität	kWh	24,2	24,2	62,6
Kosten Akku-Zellen (Li-Ionen)	EUR/kWh	350	200	200
Kosten Akku-Zellen (Li-S)	EUR/kWh	--	180	180
Kosten Akku-Zellen gesamt	EUR	8.470	4.840	12.520
Kosten Montage Akku Zellen	EUR	4.255	2.420	6.260
Kosten Akku gesamt	**EUR**	**12.725**	**7.260**	**18.780**
Fahrzeugpreis (ohne Akku)	**EUR**	**22.175**	**22.175**	**22.175**
Potenzial Radnabenmotoren	**EUR**	--	**-4.000**	**-3.000**
Wärmepumpe	**EUR**	--	**975**	**975**
Fahrzeugpreis (Li-Ionen)	**EUR**	**34.900**	**26.410**	**38.930**
Fahrzeugpreis (Li-S)	**EUR**	--	**25.684**	**37.052**

5.3.5 Höchstgeschwindigkeit

ICE-Technologie

Die Höchstgeschwindigkeit der Golf Dieselmotoren stieg zwischen 1974 und 2012 von 143 auf 200 km/h an. Über die Jahre und Modelle hinweg steigen die Werte leicht degressiv. Eine lineare Fortschreibung zu verwenden ist nicht zweckmäßig, da davon ausgegangen werden kann, dass auch Dieselmotoren in ihrer Entwicklung irgendwann an ihre physikalischen Grenzen stoßen. Für das Modell Golf VIII beträgt die V_{max} per Regressionsgleichung 203 km/h und für den Golf IX 207 km/h. Eine manuelle Anpassung wird nicht vorgenommen, da angenommen wird, dass eine Erhöhung der Höchstgeschwindigkeit von Kunden und Politik nicht gewünscht wird und demnach kein Bestreben besteht, eine höhere Geschwindigkeit zu erreichen. Im Gegensatz zu Deutschland besteht in den meisten Ländern eine gesetzlich vorgeschriebene Geschwindigkeitsbeschränkung auf Autobahnen, die in der Regel weit unter 200 km/h liegen.

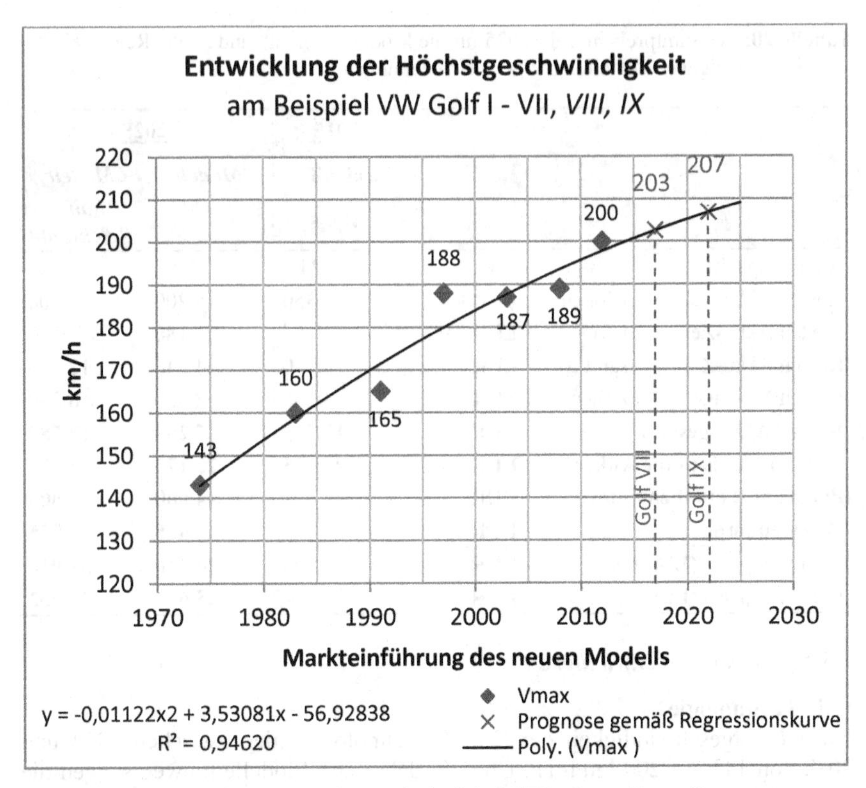

Abbildung 25: Entwicklung Höchstgeschwindigkeit ICE, eigene Darstellung

BEV-Technologie
In Kapitel 3.4. wird dargelegt, inwiefern die freigegebene Höchstgeschwindigkeit von der möglichen Reichweite des BEVs abhängt. Zur Ermittlung der zukünftigen Höchstgeschwindigkeit wird daher die Entwicklung der Reichweite (*Kapitel 5.3.1. Reichweite*) und die üblicherweise vorgenommenen Höchstgeschwindigkeits-Freigaben verschiedener Hersteller herangezogen (Abbildung 7 auf Seite 24). Für den Anwender gilt jedoch weiterhin zu beachten, dass hohe Ströme den Akkumulator stark belasten und die Lebensdauer reduzieren (siehe *Kapitel 4.1.3. Lebensdauer*). Wenn die Lebensdauer jedoch bis auf 48 Jahre angehoben werden kann [Vgl. Siemens (2014)] sind Verkürzungen der Lebensdauer durch starke Belastungen zu vertrösten.

Modell „leicht"
Die ermittelte Reichweite für dieses Modell beträgt 236 km. Gemäß der Regressionskurve aus Abbildung 25 besteht Grund zur Annahme, dass der zukünftige

eGolf auf 155 km/h freigegeben wird. Unter Verwendung von Li-S-Akkus ist eine Höchstgeschwindigkeit von 160 km/h denkbar.

Modell „hohe Reichweite“
Für dieses Modell betragen die möglichen Höchstgeschwindigkeiten 210 km/h (Li-Ionen) und 220 km/h (Li-S).

5.3.6 Lebensdauer

ICE-Technologie
Für die Entwicklung der Lebensdauer stehen keine historischen Daten für den VW Golf zur Verfügung. Stattdessen werden einige wenige Modell-unabhängige Daten verwendet. Nach Berichten des *Handelsblatt* zufolge betrug die durchschnittliche Lebensdauer deutscher PKW 1960 7,9 Jahre [Vgl. Handelsblatt (2008)]. 35 Jahre später hielten die Autos im Schnitt 11,8 Jahre. Über die folgenden 11 Jahre änderte sich das nur geringfügig. Wie aus einer Statistik des Entsorgungsfachbetriebs *Entsorgung.de* hervor geht, beträgt die durchschnittliche Lebensdauer von PKW in Deutschland im Erhebungsjahr 2014 18 Jahre [Vgl. Statista (2014)]. Die längste Verweildauer haben dabei Modelle von VW mit 26 Jahren.

Die Lebensdauer stieg in der Vergangenheit ähnlich einer polynomialen Funktion 2. Grades. Ca. 90 % der Werte können durch die Regressionsgleichung beschrieben werden ($R^2 = 0,975$). Es ist anzunehmen, dass die Qualität der Fahrzeuge weiter steigt und Verschleiß minimiert wird. Möglich wird dies bspw. durch Erforschung und Verwendung höherwertigere Materialien, besseren Produktionsstandards mit engeren Toleranzen und höheren Qualitätskontrollen sowie den Beanspruchungen besser angepassten Konstruktionen durch CFD- und FEM-Simulationen [Vgl. Braess/Seiffert (2013), S. 1237]. Eine steigende Prognose der Regressionskurve erscheint daher realistisch. Es besteht kein Grund, eine manuelle Anpassung vorzunehmen. Aufgrund der geringen Datenmenge besitzt die statistische Prognose jedoch eine geringe Stabilität.

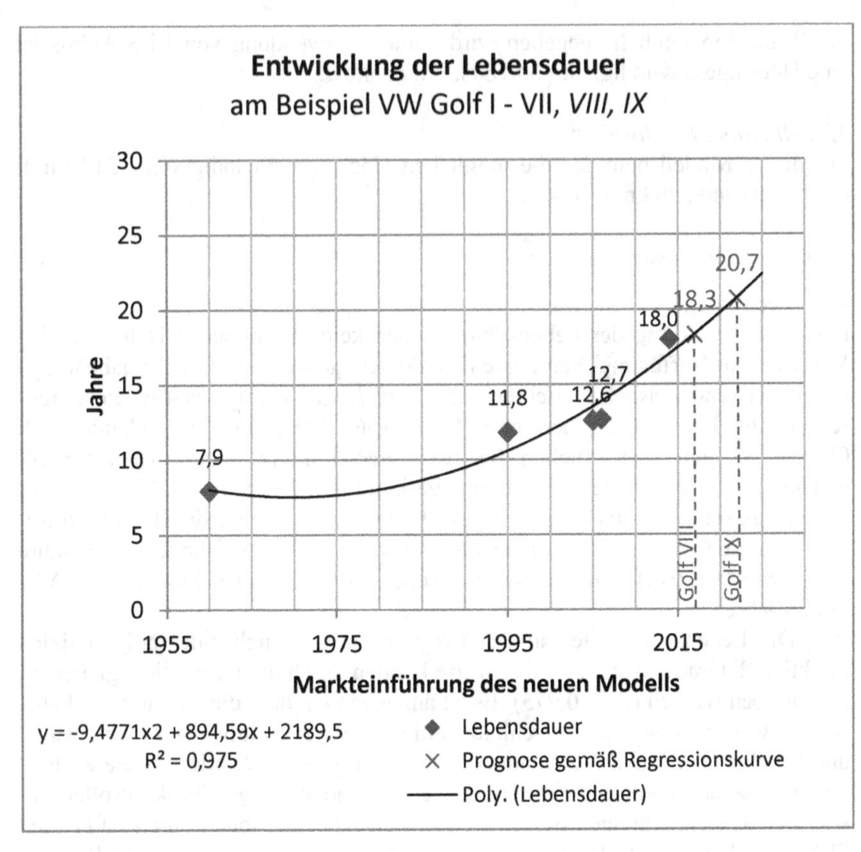

Abbildung 26: Entwicklung Lebensdauer ICE, eigene Darstellung

BEV-Technologie

In Bezug auf *Kapitel 4.1.3. (Lebensdauer)* wird die Annahme getroffen, dass die Akku-Lebensdauer die Lebensdauer des Fahrzeuges übersteigt. Um eine Aussage über die zukünftige Lebensdauer des gesamten Fahrzeuges treffen zu können, müssen jedoch alle Fahrzeugkomponenten betrachtet werden. Gemäß *Kapitel 2.1* (Seite 9 oben) entfallen beim batterieelektrischen Fahrzeug verschleißanfällige Komponenten wie bspw. Verbrennungsmotor, Abgassystem, Katalysator. Neben dem Akkumulator kommen Leistungselektronik, Batteriemanagementsystem und Elektromotor hinzu. Die ersten beiden Komponenten sind keinem mechanischen Verschleiß ausgesetzt. Da im Elektromotor keine Verbrennung stattfindet, ist der Wartungsaufwand gering und die Lebensdauer hoch [Vgl. RP-Enerige-Lexikon (2015)]. Alle anderen Komponenten eines BEV sind gleichermaßen Bestandteil der ICE-Fahrzeugtechnologie. Je nach Auslegung des Antriebsstranges können beim BEV sogar Schaltgetriebe, Getriebe mit fester Übersetzung und Differential entfallen und somit weitere Verschleißteile eliminiert werden.

Im Ergebnis besitzen BEVs im Jahr 2025 das Potenzial, eine höhere statistische Lebensdauer als vergleichbare ICE-Fahrzeuge zu erreichen. Da keine statistische Erhebung darüber vorliegt, welche Fahrzeug-Komponente der häufigste Grund für Verschrottungen ist, kann keine Bezugsgröße hergestellt werden an der sich die Lebensdauer von BEVs zukünftig orientieren wird. Es wird pauschal eine höhere durchschnittliche Lebensdauer von BEV gegenüber ICE von 5 Jahren angenommen.

Li-S-Zellen können laut Fraunhofer Institut 4.000 reversible Ladezyklen überstehen. Bei täglicher Ladung entspricht das elf Jahren. Geht man davon aus, dass bei entsprechender Reichweite nicht täglich geladen werden muss, erhöht sich die zyklische Lebensdauer des Li-S-Akkus entsprechend. Da jedoch die Vehicle-to-Grid-Technologie immer mehr in Diskussion gerät und dies einen zusätzlichen finanziellen Nutzen für den Kunden bringt, wird davon ausgegangen, dass täglich geladen wird. Über die kalendarische Alterung liegen weder für Li-S- noch Li-Ionen-Zellen Daten vor.

5.3.7 Beschleunigung

ICE-Technologie

Die Zeit die das Auto benötigt, um aus dem Stand heraus auf 60 bzw. 100 km/h zu beschleunigen, sank über die letzten Modelle in kleinen Sprüngen ab. Das Beschleunigungsvermögen ist hauptsächlich von Motorleistung und Gewicht des Fahrzeuges abhängig [Vgl. Braess/Seiffert (2013), S. 1221]. Das Leergewicht nahm von Golf I bis Golf VI von 820 auf 1.370 kg stetig zu. Im Golf VII erreichte man allerdings ein Gewicht unter dem Niveau des Golf IV mit 1.295 kg. Es konnten immer leistungsstärkere Motoren wirtschaftlich produziert werden. Für die Beschleunigungskurven werden regressiv verlaufende Kurven gewählt. Für die Modelle I-III konnten keine Werte für die im Stadtverkehr signifikantere Beschleunigungsdauer 0-60 km/h ermittelt werden. Für die städtische Beschleunigung wurden nach Regressionsgleichung für 2022 2,7 Sekunden und von 0 auf 100 km/h, 9,5 Sekunden errechnet. Es wird davon ausgegangen, dass es seitens der Kunden, Hersteller und Politik kein besonderes Interesse gibt, die Sportlichkeit in Zukunft für ein mittelstarkes Golf-Modell weiter zu erhöhen. Für die Sportvariante des Golf, dem GTI, liegt es dagegen auf der Hand, dass eine möglichst starke Beschleunigung vom Kunden gewünscht wird. Im Sinne der CO_2-Reduzierungsvorgaben wird bei der Produktentwicklung verstärkt Wert auf Effizienz und geringen Schadstoffausstoß gelegt werden. Neben einem besseren Antriebsstrang-Wirkungsgrad wird dies zu starken Gewichtsreduzierungen zahlreicher Fahrzeug-Komponenten führen. Mit dem Gewicht sinkt der Energie-

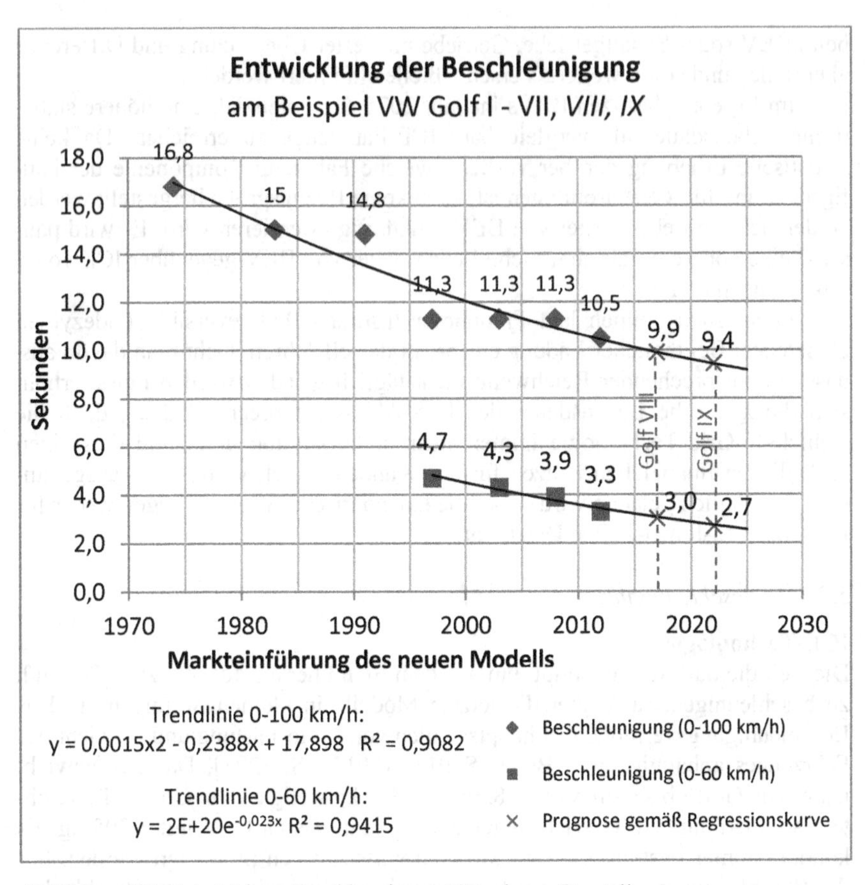

Abbildung 27: Entwicklung Beschleunigung ICE, eigene Darstellung

verbrauch und die Beschleunigung steigt bei gleicher Motorleistung. Denkbar ist auch, dass die Beschleunigungszeit weniger stark sinkt oder auf gleichem Niveau bleibt wenn der Motor im Rahmen der Down-Sizing-Programme kleiner und leichter ausgelegt wird. Das verminderte Leistungsvermögen des Motors könnte durch Wirkungsgradverbesserungen kompensiert werden. Es wird keine manuelle Anpassung vorgenommen.

BEV-Technologie

VW gibt eine minimale Dauer von 4 Sekunden an um den eGolf von 0 auf 60 km/h und 10,4 Sekunden um von 0 auf 100 km/h zu beschleunigen - bei einem Leergewicht von 1.520 kg und 85 kW Motorleistung. Der eGolf wurde demnach trotz des höheren Gewichts auf eine ähnliche Beschleunigungs-Performance ausgelegt wie sein konventionelles Pendant. Rechnet man nach, wie hoch die Antriebsleistung sein muss um dieses Gewicht innerhalb von 10,4 Sekunden auf 100 km/h auf waagerechter Strecke zu beschleunigen, ergibt sich gemäß Formel 1 auf Seite 13 eine Motorleistung von P = 119 kW. Werden bremsende Umweltbedingungen wie Rollwiderstand und Fahrwiderstand einbezogen beträgt die notwendige Antriebsleistung sogar P = 133 kW. Die höheren Werte lassen sich damit erklärt, dass E-Motoren kurzzeitig eine höhere Leistung als die angegebene Dauerleistung liefern können [Vgl. Siemens (2013)]. Wie lang und in welchem Maß die Dauerleistung überschritten werden kann, hängt hauptsächlich von der Kühlung ab. Die Hersteller geben i.d.R. keine detaillierten Motorkennlinien heraus. Eine Berechnung nach Formel kann daher nicht angewendet werden um die zukünftige Beschleunigungszeit zu errechnen. Eine Bewertung der Entwicklung wird auf qualitativer Basis vorgenommen.

Die folgenden technischen Entwicklungen beeinflussen die zukünftige Beschleunigungs-dauer:

- Radnabenantriebe – erhöhen den Wirkungsgrad des Antriebsstranges und senken das Fahrzeuggewicht (*Kapitel 4.2.4.*)
- allgemeine Gewichtsreduzierungen (*Kapitel 4.3.*)
- Erhöhung der Leistungsdichte von Elektromotoren (*Kapitel 4.2.4.*)
- Auslegung des Motors hinsichtlich Feldschwächbereichs (*Kapitel 4.2.2.*)

Bei aktuellen Elektroautos der Kompaktklasse beginnt die prinzipbedingte Feldschwächung bei ca. 35 bis 55 km/h. Werden leistungsstärkere Motoren verwendet, können die Motoren in der Konstruktionsphase auf hohe Drehzahlen ausgelegt werden. Durch eine solche Auslegung reduziert sich zwar das Drehmoment im gesamten Drehzahlbereich [Vgl. Tschöke (2013), S. 34], jedoch steht ein höheres Grund-Drehmoment zur Verfügung und der drehzahlbedingte Feldschwächbereich wird in Richtung höherer Geschwindigkeiten verlagert. Damit bleiben das Drehmoment und somit auch die Beschleunigung über höhere Geschwindigkeiten konstant. Die sog. Elastizität des Fahrzeuges, also die Beschleunigung bei Fahrt, wird dadurch gesteigert, so dass die Zeit um von 0 auf 100 km/h zu beschleunigen kleiner wird.

Insgesamt hängt die Beschleunigungsdauer von zahlreichen Faktoren ab, die im Rahmen der Arbeit nicht in Gänze berücksichtigt werden können. Hauptsächlich wird sie jedoch von den herstellerpolitischen Entscheidungen und Kosten abhängig sein, denn technisch betrachtet sind viele Performance-Varianten möglich.

Modell „leicht"
Aus Gründen einer erfolgreicheren Vermarktung sollten Elektroautos den vergleichbaren Verbrennerfahrzeugen in so wenig wie möglich Kriterien nachstehen. Daher wird davon ausgegangen, dass auch zukünftig ähnliche Beschleunigungswerte erzielt werden. Die Beschleunigungswerte für 2025 orientieren sich daher an der Entwicklung des VW Golf.

Modell hohe „Reichweite"
Auch für dieses Modell wird davon ausgegangen, dass die Motorleistung auf eine ähnliche Fahr-Performance wie die des VW Golf ausgelegt wird. Ein stärkerer Motor ist dann mit höheren Kosten verbunden (siehe *Kapitel 5.3.4. Verkaufspreis*).

Für Elektrofahrzeuge mit Li-S-Akku gelten die gleichen Annahmen.

5.3.8 maximal zulässige Zuladung

ICE-Technologie
Beim Golf VII konnte im Vergleich zum Vorgängermodell ca. 75 kg Gewicht eingespart werden. Gleichzeitig wurde die zulässige Zuladung um 75 kg gesteigert. Im Rahmen der Technologie-Verbesserungsmaßnahmen wie Downsizing- oder Leichtbau-Programme (siehe Tabelle 17 auf Seite 86) ist von weiteren Gewichtseinsparungen der Fahrzeuge auszugehen, die sich auf die zulässige Zuladung auswirken.

Die laut Hersteller angegebene maximal zulässige Zuladung schwankt von Modell zu Modell relativ stark. Die Güte der Regressionskurve besitzt daher nur den Wert $R^2 = 0{,}4784$. Mit einem Korrelationskoeffizienten $r = 0{,}69$ ist nur ein leicht positiver linearer Zusammenhang gegeben. Die Extrapolation der Regressionsgeraden zum Jahr 2025 ist daher nur bedingt nützlich. Die Werte des vierten und sechsten Golf-Modells entziehen sich dem Verlauf der Werte anderen Modelle. Warum die beiden Werte so weit abfallen, liegt laut den offiziellen Angaben der Volkswagen AG nicht vor. Werden diese beiden Werte als Ausreißer betrachtet, ergibt sich eine höhere Steigung der Regressionsgeraden bei einem Bestimmtheitsmaß von 0,95. Daran wird deutlich, dass die beiden Werte die Funktion stark beeinflusst haben. Die neue Gerade ist im Diagramm als schwarz gestrichelte Linie gekennzeichnet. Unter der Annahme leichter werdender Bauteile, im Rahmen der Downsizing Programme wird die zulässige Zuladung in Zukunft weiter steigen.

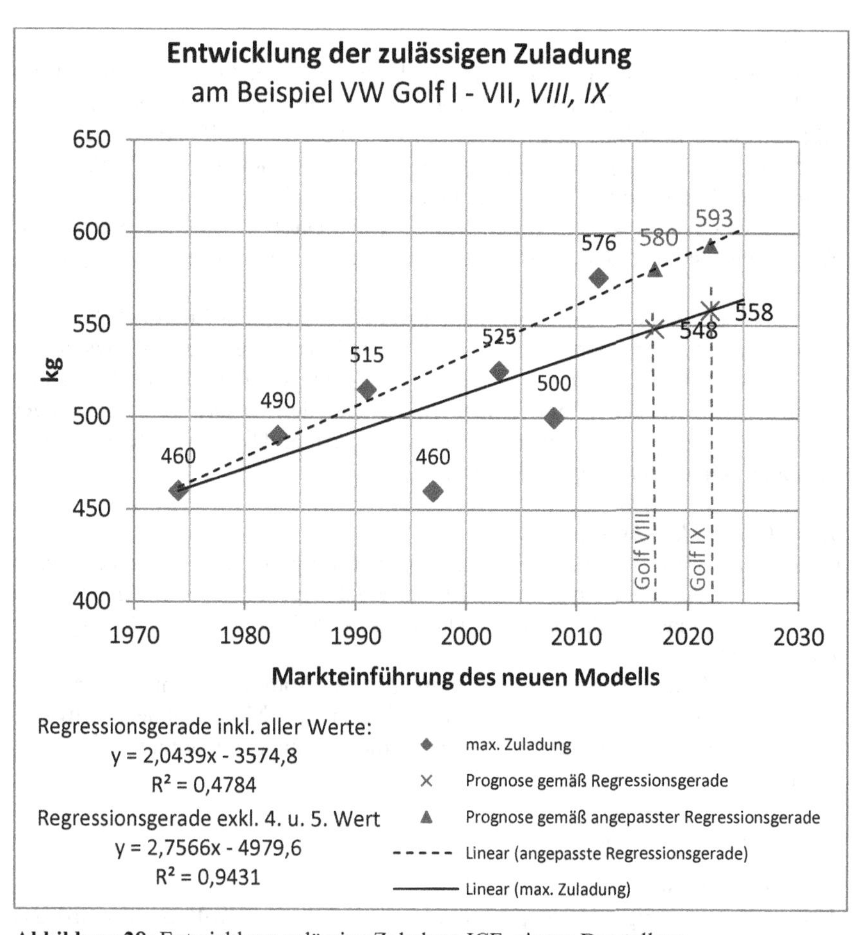

Abbildung 28: Entwicklung zulässige Zuladung ICE, eigene Darstellung

BEV-Technologie

Um das Entwicklungspotenzial der Zuladung von BEVs zu ermitteln, wurden der Akkumulator, der Antriebsstrang und die Karosserie hinsichtlich ihres Gewichts-Reduzierungspotenzials in *Kapitel 4.3. Gewichtsreduzierung* untersucht. Die zulässige Zuladung ist von zahlreichen Faktoren abhängig, die in dieser Arbeit nicht vollständig berücksichtigt werden können. Ein maßgeblicher Einflussfaktor ist die herstellerinterne Politik. Das Fahrzeug kann unter Verwendung eines guten Fahrwerks sportlich mit hoher Zuladung ausgelegt werden oder weniger sportlich bei geringerer Zuladung. Die folgenden Werte sind daher Schätzungen auf Basis einzelner Annahmen.

Modell „leicht“

Gemäß *Kapitel 4.3. Gewichtsreduzierung* besteht Potenzial das Leergewicht des eGolf bis zum Jahr 2025 um 312 kg von 1.520 kg auf 1.208 kg zu senken. Damit fällt der eGolf unterhalb des Leergewichts des heutigen Golf VII (Leergewicht Golf VII = 1.300 kg). Legt man die technische Entwicklung der Verbrenner-Fahrzeuge durch Downsizing-Programme (siehe Tabelle 17 auf Seite 86) zu Grunde, ist davon auszugehen, dass Golf IX und eGolf im Jahr 2025 ein ähnliches Gewichtsniveau und damit gleiche zulässige Zuladung von ca. 593 kg erreichen können.

Bei Verwendung von Li-S-Akkus kann der Vorteil der Energiedichte noch stärker ausgenutzt werden, so dass bei gleicher Kapazität ein Akku-Gewicht von nur 93 statt heutigen 318 kg möglich ist. Im Vergleich zum Gewichts-Reduzierungspotenzial von Li-Ionen-Akkus sind das weitere 111 kg weniger Gewicht für einen Akkumulator gleicher Kapazität. Die erwartete maximale Zuladung fällt entsprechend höher aus.

Modell „hohe Reichweite“

Da für dieses Modell alle Gewichts-Reduzierungspotenziale zugunsten hoher Akku-Kapazität ausgelegt werden, ist das zukünftige Leergewicht gleich dem heutigen. Demnach ist davon auszugehen, dass sich die zulässige Zuladung nicht ändern wird.

Unter Verwendung von Li-S-Akkus fällt das Auto insgesamt schwerer aus als mit Li-Ionen im Modell leicht und leichter als im Modell hohe Reichweite mit Li-Ionen-Akkus. Anhand dessen wird die maximale Zuladung auf 510 kg geschätzt.

5.3.9 Kofferraumvolumen

ICE-Technologie

Aufgrund der wenigen Datenpunkte vom umgeklappten Kofferraum wird das Bestimmtheitsmaß nicht in diese Analyse zu Hilfe genommen. Die Werte schwanken nicht sonderlich stark. Das Volumen variierte im Laufe der Jahre (Modelle IV bis VII) zwischen 660 und 690 Litern. Die Trendlinie zeigt zwar einen leicht abfallenden Verlauf, für die Zukunft wird jedoch eine gleichbleibende Entwicklung auf Basis des bisherigen Durchschnittsvolumen von 671 Litern angenommen, da keine konkreten Anzeichen bestehen, dass der Kofferraum durch irgendwelche zukünftigen Maßnahmen, wie bspw. das Bestreben nach CO_2-Reduzierung oder Downsizing-Programme, beeinflusst werden wird.

Seit dem Golf V ist dagegen ein Aufwärtstrend des Kofferraumvolumens ohne umgeklappte Rücksitzbank erkenntlich. Dies wird zum einen mit Vergrößerungen der Karosserie (10 cm mehr Länge und 13 cm mehr Radstand) und zum anderen dem Wegfall des Reserverads erklärt [Vgl. FAZ (2013)]. Solange der

Wendekreis wegen erhöhter Fahrzeuglänge (bspw. hilfreich in Einparksituationen) nicht negativ beeinflusst wird, wird angenommen, dass die meisten Kunden eine Vergrößerung des Volumens generell begrüßen und die Hersteller dementsprechend bestrebt sind dieses Kundenbedürfnis zu befriedigen. In entsprechender Fachliteratur wird wenig über das Fahrzeug-Kriterium Kofferraumvolumen berichtet. Aus den genannten Gründen wird gemäß der Regressionsanalyse von moderaten Steigerungen durch Karosserievergrößerungen ausgegangen. Anzeichen hierfür gibt der bereits breiter und länger gebaute eGolf (siehe *Kapitel 3.4. (Kofferraumvolumen)*).

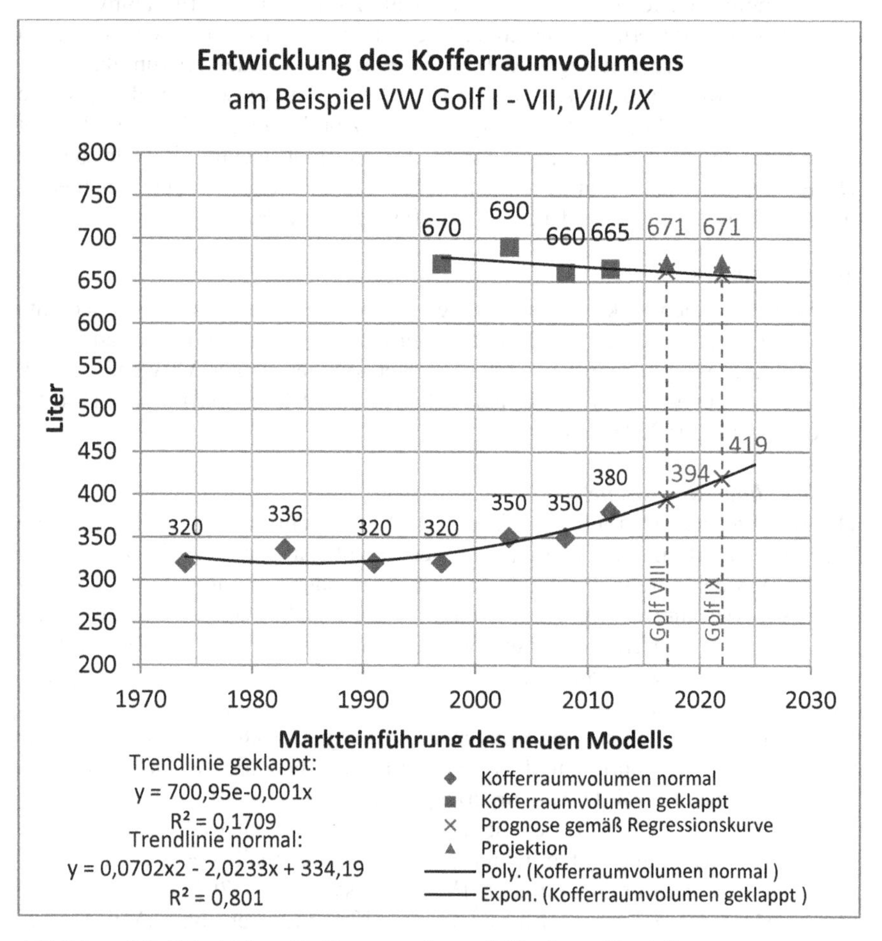

Abbildung 29: Entwicklung Kofferraumvolumen ICE, eigene Darstellung

BEV-Technologie

In der Potenzialanalyse technischer Kriterien der Li-Ionen-Technologie wurde gezeigt, dass eine Steigerung der volumetrischen Energiedichte des Energiespeichers nicht erwartet wird. Allerdings variiert diese je nach Auslegung zwischen 300 und 500 Wh/l. Eine Erhöhung der Akku-Kapazität geht also zwangsläufig mit höherem Akku-Volumen einher. Durch die Verlegung diverser Antriebskomponenten in einen Radnabenantrieb oder radnahen Antrieb (siehe *Kapitel 4.2.4. Neue Antriebsstrang-Konzepte*) entstehen jedoch neue Freiheitsgrade für die Gestaltung der gesamten Fahrzeugarchitektur. Denkbar ist, diesen Raum zur Unterbringung weiterer Akku-Zellen oder als zusätzliches Kofferraumvolumen zu nutzen. Aus Sicherheitsgründen darf der Akkumulator jedoch nicht an Stellen verbaut werden, wo eindringende Teile bei einem Unfall den Akkumulator zerstören können (siehe *Kapitel 3.4. (Sicherheit)*). Es kann also nicht der gesamte Motorraum mit Akkumulator belegt werden. Abbildung 2 auf Seite 11 zeigt einen Blick in einen VW e-up!. Zentralmotor, Leistungselektronik, Getriebe und Differenzial nehmen einen beachtlichen Teil des Motorraumes ein. Der hierbei frei werdende Bauraum wird auf 100 bis 200 Liter geschätzt.

Modell „leicht“

Es wird die gleiche Akku-Kapazität bei gleicher volumetrischer Energiedichte wie 2015 verbaut. Durch den Radnabenantrieb kann sich das Kofferraumvolumen (normal wie geklappt) um ca. 150 Liter erhöhen. Unter Verwendung von Li-Ionen-Akkus wird das Kofferraumvolumen auf 491 (normal) bzw. 815 Liter (geklappt) im Jahr 2025 geschätzt.

Modell „hohe Reichweite“

Die Akku-Kapazität erhöht sich in diesem Modell um Faktor 2,6. Es wird die Annahme getroffen, dass sich dadurch der Raumbedarf um den gleichen Faktor erhöht. Aus den bereits genannten Sicherheitsgründen verdrängt der Akkumulator den Kofferraum geringfügig, so dass der zusätzliche Bauraum durch Radnabenantriebe als Kofferraum genutzt werden kann. Es wird die Annahme getroffen, dass sich der Kofferraum um ca. 100 Liter erhöhen kann. Das zusätzliche Akku-Volumen muss im Chassis untergebracht werden. Verkleinerungen des Fahrgastraumes im Sinne der Kundenanforderungen erscheinen weniger wahrscheinlich, da Fahrkomfort und Ergonomie negativ beeinflusst würden und mit einer Zunahme der mittleren Körperlänge zu rechnen ist [Vgl. Braess/Seiffert (2013), S. 581]. Eine Aufstockung der Akkumulators unterhalb des Fahrgastraumes in Verbindung mit erhöhter Sitzposition innerhalb der gleichen Fahrzeugklasse ist geringfügig möglich [Vgl. Braess/Seiffert (2013), S. 134]. Die 1997er Mercedes A-Klasse ist beispielsweise 13 Zentimeter höher [Vgl. Mercedes (2015)]. Damit geht ein erhöhter Fahrwiderstand aufgrund größerer Fahrzeug-Stirnfläche einher. Das beeinflusst den Energieverbrauch und damit die Reichweite des Fahrzeuges. Der Einfluss ist jedoch gering [Vgl. Braess/Seiffert (2013)]. Darüber hinaus stellen diese Geometrieveränderungen neue Anforderungen an Fahrphysik und -performance, die es in der Fahrzeugentwicklung zu bewältigen gilt.

Werden Li-S-Akkus entsprechend ausgelegt, fällt die volumetrische Energiedichte ähnlich hoch aus wie die der Li-Ionen-Akkus (siehe *Kapitel 4.1.4. Zukunftstechnologien*). Bezogen auf die Kapazität fällt dieser Akku-Typ damit zwar leichter aber nicht kleiner als Li-Ionen Akkumulators aus. Unter Verwendung von Li-S-Akkus fällt der Kofferraum beim Modell leicht gleich groß aus. Für das Modell hohe Reichweite stellt das Volumen des Li-S-Akkus einen limitierenden Faktor dar. Werden nur die gravimetrische Energiedichte betrachtet, kann der Akkumulator bis zu 133 kWh groß ausfallen um ein Leergewicht von 1.520 kg zu erreichen. Demnach würde das Volumen jedoch auf das fünf- bis sechsfache Volumen vom heutigen eGolf ansteigen. Da die Baumaße des eGolf durch die allgemeinen Vorgaben einer Fahrzeugklasse begrenzt werden [Vgl. Braess/Seiffert (2013), S. 134], wird nicht davon ausgegangen, dass ein solches Bauvolumen im eGolf 2025 vorhanden sein wird. Es wird das gleiche Akku-Volumen wie beim Li-Ionen-Akku zugrunde gelegt. Demnach beträgt die mögliche Kapazität eines Li-S-Akkus ebenfalls ca. 62 kWh

5.3.10 Innengeräusch

ICE-Technologie

Gemäß den Erläuterungen aus *Kapitel 3.3. (Innengeräusch)* dominieren bei Konstantfahrten die Wind- und Rollgeräusche des Autos. Diese werden maßgeblich von der Fahrbahnbeschaffenheit, den Reifen sowie der Aerodynamik des Autos bestimmt. Im Rahmen der Arbeit wird auf die drei Abhängigkeiten nicht eingegangen.

Für das ICE-Referenzfahrzeug liegen nur wenige Geräuschemissionswerte vor. Vom Hersteller gibt es dazu keine Angaben. In den letzten drei Modellen gab es kaum Veränderungen. Die vom ADAC gemessenen Werte liegen zwischen 69 und 67 dB(A). Über Jahrzehnte war im Allgemeinen ein Absenken der Geräuschpegel zu beobachten, welche sich seit den 1990er Jahren zunehmend asymptotisch entwickelten und ab spätestens 2010 stagnierten (siehe Abbildung 30). Es wird davon ausgegangen, dass die Innengeräusche in Zukunft nicht leiser werden.

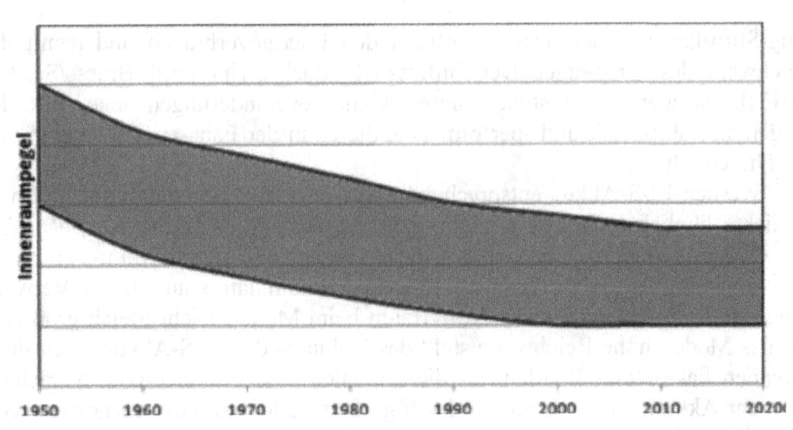

Abbildung 30: Qualitative historische Entwicklung der Innenraum-Geräuschpegel über alle Fahrzeugsegmente hinweg, Quelle: Braess/Seiffert (2013), S. 85

BEV-Technologie

In Verbindung mit den Erkenntnissen aus *Kapitel 3.3. (Innengeräusch)* wird auch dem BEV-Fahrzeug wenig Potenzial zugeschrieben, die Innenraumgeräusche bei Konstantfahrten zu reduzieren. Es wird aber davon ausgegangen, dass der Geräuschvorteil gegenüber ICE-Fahrzeugen im Stand und bei Beschleunigungsvorgängen im Rahmen niedriger Geschwindigkeiten zukünftig prinzipbedingt beibehalten wird.

5.3.11 Sicherheit

ICE-Technologie

Es wird die Annahme getroffen, dass sich das Kriterium Sicherheit in Zukunft nicht grundlegend verändert, da die Energiebasis eines ICE Fahrzeuges Benzin bzw. Diesel bleiben wird. Laut Korthauer besitzen heutige ICE-Fahrzeuge das gleiche Sicherheitsniveau wie BEVs [Vgl. Korthauer (2013), S. 410]. Es wird von einer kleinen Steigerung des Sicherheitsniveaus bis 2025 ausgegangen, welches auf unfallvorbeugende Maßnahmen durch weitere Assistenz- und Sicherheitssysteme im Fahrzeug basiert [Vgl. Braess/Seiffert (2013), S. 1035].

"Die Vision, den Straßenverkehr so sicher wie den Schienenverkehr zumachen ist realisierbar." [Braess/Seiffert (2013), S. 1035]

Da das Kriterium Sicherheit nicht leicht quantifizierbar ist, wurde an der Stelle auf ein Diagramm verzichtet.

BEV-Technologie

In *Kapitel 3.2.* wird dargelegt warum BEV-Fahrzeuge nicht weniger sicher sind als ICE-Fahrzeuge. Es gilt jedoch, Materialien zu entwickeln, die die Sicherheit im Hinblick auf Brände und Explosionen des Akkumulators erhöhen sowie weitere Überwachungstechnologien zu implementieren, die die Sicherheit garantieren und frühzeitig Gegenmaßnahmen einleiten können.

Forscher des Fraunhofer-Instituts für Silicatforschung ISC in Würzburg und des Fraunhofer-Instituts für Siliziumtechnologie ISIT in Itzehoe arbeiten an Lithium-Polymer-Akkumulator, um die Sicherheit zu erhöhen. Der Vorteil ist, dass Polymere schwer brennen. Sicherheit steht auch im Fokus des Projekts "SafeBatt", eines von der Bundesregierung ernannten Leuchtturmprojekte der NPE. Ein Schwerpunkt des bis Juni 2015 geplanten Forschungsvorhabens ist es, Halbleitersensoren aus bisher nicht verwendeten Materialien wie Graphen zu entwickeln, um sicherheitsrelevante Parameter der Batteriezelle zu erfassen, wie bspw. chemische Prozesse, den Druckanstieg und die Temperaturverläufe innerhalb der Zelle. Insgesamt untersuchen 15 Partner aus der deutschen Automobil- und Zulieferindustrie sowie der Wissenschaft, wie sich die Zellchemie optimieren lässt [Vgl. SafeBatt (2015)].

Ein brennender Akkumulator ist nur mit Zusätzen im Löschwasser zu löschen. Es bildet sich dann eine Art Gelee und der Löschvorgang wird verkürzt. Die Feuerwehr besitzt solche Zusätze in der Regel nicht. Damit bleiben Batteriebrände, zumal sie giftige Gase bilden, zunächst gefährlich. Eine Lösung können Schäume sein, die direkt in einem Behälter des Akkumulators verbaut werden. Bei einem Brand könnte sich der Akkumulator dann selbst löschen [Vgl. Keichel/Schwedes (2013), S. 127].

Um Gefahrenmomente von Batterietests zu klassifizieren, wurden von EUCAR (European Council for Automotive R&D) Gefahrenstufen von 0 bis 7 definiert. 0 entspricht der niedrigsten Gefahr. Zurzeit werden Lithium Ionen Akkumulatoren aufgrund der genannten Risiken mit Stufe 4 bewertet. 2020 sollen sie laut NPE Stufe 3 erreichen [Vgl. NPE a (2010)]. Dieser Sprung bedeutet, dass keine Entgasung mehr stattfindet und der Elektrolyt im schlimmsten Falle weniger als 50 % seines Gewichtes verliert [Vgl. Recharge (2013), S. 18]. Bei Li-S-Akkus besteht aktuell noch Forschungsbedarf die bei der Entladungen entstehenden Lithiumsulfide zu beherrschen. Darum wird Li-S etwas schlechter bewertet.

Die individuelle Ansteuerung der Räder bei Radnabenantrieben erlaubt eine aktive, voneinander getrennte Verteilung der Antriebsleistung. Dadurch können Fahrdynamik- und Fahrassistenzsysteme schneller, gezielter und effizienter wirken als bisherige Regelsysteme, wie ABS oder ESP [Vgl. Tschöke (2015), S. 41]. Die Sicherheit im Verkehr kann damit erhöht werden.

Anhand der Beispielprojekte wird gezeigt, wie sich die Sicherheit des Akkumulators zukünftig weiter steigern lässt. Die Sicherheit von BEVs gegenüber ICEs im Jahr 2025 daher besser bewertet. Da die Sicherheit beider Technologien mit keiner gemeinsamen technischen Größe charakterisiert werden kann, wird für Technologievergleich am Ende der Arbeit (*Kapitel 5.4.*) eine qualitative Bewertung vorgenommen.

5.3.12 CO_2-Emissionen

ICE-Technologie
Nach jüngsten Veröffentlichungen müssen die Abgaswerte kritisch betrachtet werden, da VW in der Kritik steht, Abgaswerte gefälscht zu haben [Vgl. Spiegel (2015)].

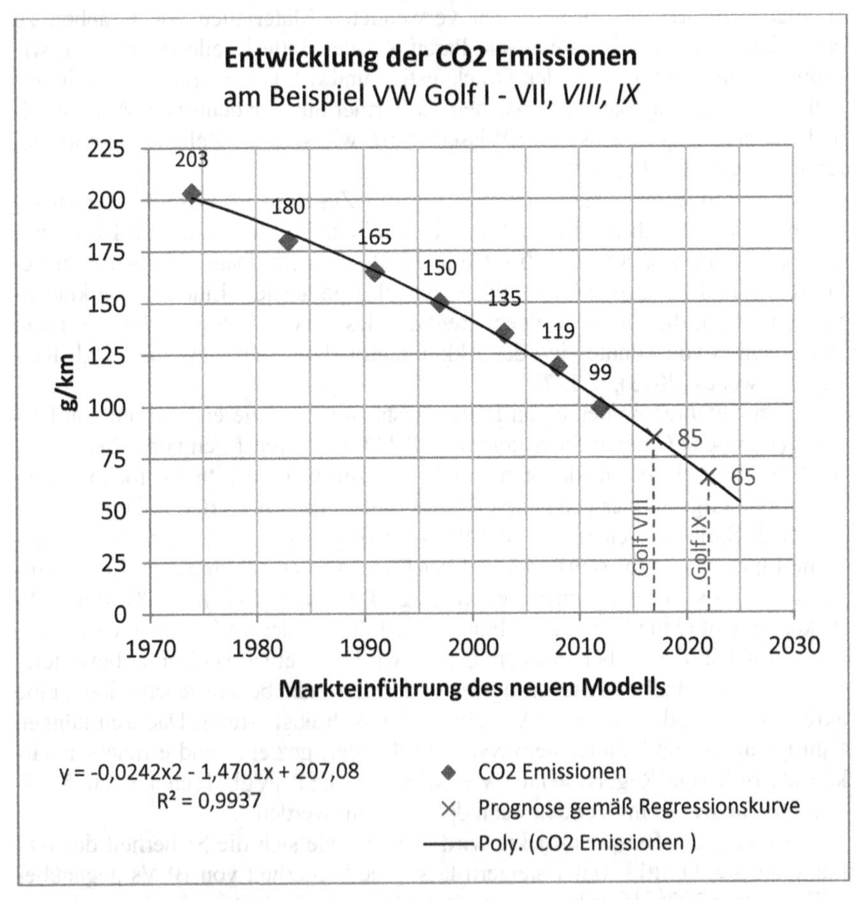

Abbildung 31: Entwicklung CO2-Emissionen ICE, eigene Darstellung

Die Regressionskurve (Polynomial) weist eine starke Nähe zu den Datenpunkten auf. Das Bestimmtheitsmaß beträgt fast den Wert 1. Betrachtet man die Entwicklung der Golf-Modellreihe konnten die CO_2 Emissionen, zu Gunsten der Reichweiten-Steigerung, stetig reduziert werden. Grund hierfür sind fortwährende Optimierungs- und Entwicklungsmaßnahmen bestehender und neuer Antriebsstrangtechnologien. Die zukünftige Entwicklung wird vor dem Hintergrund der CO_2-Reduzierungsvorgaben der Bundesregierung prognostiziert, wie sie bereits in *Kapitel 5.3.1. Reichweite* thematisiert wurden. Die Regressionskurve der CO_2-Emissionen fällt mit den Modellen immer stärker ab. Dieser Trend wird auch für die zukünftige Entwicklung angenommen. Der prognostizierte CO_2-Wert von 2022 entspricht mit 65 g/km bereits einem Verbrauch von 2,5 Litern auf 100 km [Vgl. DEKRA (2015)]. Zum heutigen Golf-Modell entspricht das einer Reduzierung um mehr als ein Drittel. Da dies schon sehr ambitioniert erscheint, wird auf eine manuelle Anpassung verzichtet. Die Werte decken sich zudem mit den Erkenntnissen aus der Studie CO_2-Reduzierungspotenziale bei PKW bis 2020 von 2012 des Institutes für Kraftfahrzeuge (ika) der RWTH Aachen. Darin werden 47 g/km Reduzierungspotenzial bis 2018-2022 gegenüber 2010 für dieselbetriebene Kraftfahrzeuge des Segmentblockes 2 (bestehend aus Mittelklasse, Obere Mittelklasse, Mehrzweckfahrzeuge und Geländewagen) angenommen [Vgl. RWTH Aachen (2012)]. Das entspricht CO_2-Emissionen von 72 g/km.

BEV-Technologie

In der Tank-to-Wheel-Betrachtung von BEVs fallen prinzipbedingt auch zukünftig keine Schadstoffemissionen an. Hybridfahrzeuge gehören ebenfalls zur Elektromobilität. Sie kombinieren konventionelle mit batterieelektrischer Antriebstechnologie und gelten als Übergangstechnologie zur rein-batterieelektrischen Mobilität. Je nach Elektrifizierungsgrad (Micro-, Mild-, Full-, Plug-in Hybrid) emittieren diese Fahrzeuge mehr oder weniger Schadstoffe im Betrieb.

5.4 Gegenüberstellung und Zusammenfassung der Potenziale der ICE- und BEV-Technologie

ICE-Technologie

Diverse Studien zeigen, dass die Entwicklung der ICE-Technologie noch lange nicht ausgereift ist. In der dritten Dekade des 21. Jahrhunderts sieht die RWTH Aachen Verbesserungsmöglichkeiten vor allem in den Bereichen Leichtbau, mehrstufigen Down-Sizing-Programmen (Zylinderabschaltung, Verbrennungssteuerung und variabler Verdichtung) und verbessertem Wärmemanagement zur Senkung des Verbrauches. Angetrieben wird die Entwicklung vor allem durch die CO_2-Reduzierungsvorgaben der EU. Durch neue Produktionstechnologien sind trotz der zu erwartenden kostenintensiven Technologie-Innovationen Kostensenkungen möglich.

Die Zeitreihenanalyse der ICE-Technologie zeigt, dass nicht nur bei BEVs sondern auch bei ICE-Fahrzeugen Verbesserungen bei den eingesetzten Technologien zu erwarten sind. Gerade im Bereich der CO_2-Emissionen und der Beschleunigungsdauer sind im Rahmen der CO_2-Emissionsvorgaben der EU und damit verbundenen Technologie-Verbesserungs-Maßnahmen der Hersteller, wie bspw. Leichtbau, deutliche Fortschritte möglich. Mit höherer Effizienz und geringerem Gewicht sinkt der Energieverbrauch und die Reichweite steigt. In der Grafik fällt die Reichweitensteigerung nicht so stark aus, da die Annahme getroffen wird, dass das Tankvolumen zugunsten eines geringeren Gesamtgewichts und mehr Bauraum gesenkt wird. Durch fortwährende Erhöhungen der Produktionsqualität sind Steigerungen in der Lebensdauer zu erwarten. Eher moderate Verbesserungen sind bei den Kriterien Insassensicherheit, Höchstgeschwindigkeit und Reichweitenreduzierung im Winter zu erwarten. Auf gleichem Niveau werden dagegen die Kriterien Kofferraumvolumen, maximale Zuladung und Betankungsdauer bleiben. Bei der Prognose des Verkaufspreises besteht die größte Unsicherheit, da eine Vielzahl von Einflussfaktoren die Entwicklung bestimmt und im Rahmen der Arbeit keine differenzierte Kosten-Betrachtung vorgenommen wird. Der Preis könnte zukünftig steigen oder auf dem heutigen Niveau bleiben oder gar sinken. Anhaltspunkt zum Sinken ist die Preisreduktion von Golf-Modell VI auf VII um ca. -1.000 EUR.

BEV-Technologie

Bei Betrachtung der Abbildung 32 und Abbildung 33 auf den Seiten 117 und 118 wird auf den ersten Blick deutlich, dass im Gegensatz zur ICE-Technologie stärkere Entwicklungs-sprünge möglich sind. Wie stark sich die Technologiesprünge auf die Entwicklung der Effektkriterien auswirken, hängt davon ab, wie das Fahrzeug konzeptioniert wird. Dazu wurden zwei verschiedene Modelle erzeugt, die hinsichtlich Fahrzeuggewicht und Reichweite unterschiedlich ausgelegt werden. Das Modell „leicht" beinhaltet die Annahmen eines möglichst geringen Fahrzeug-Gewichtes, bei geringem Energieverbrauch und geringen Kosten. Das Modell „hohe Reichweite" beinhaltet dagegen Annahmen, die auf eine besonders hohe Reichweite und gute Fahrperformance abzielen. Beiden Modellen liegen Radnabenantriebe, Leichtbaumaßen, allgemeine Wirkungsgradsteigerungen des Antriebsstranges, Verbesserungen in der Li-Ionen-Technologie (wie gravimetrische Energiedichte, Lebensdauer), Steigerung der Leistungsdichte von Elektromotoren sowie Kostendegradation von Akkumulatoren zugrunde. Die Entwicklungen der Effektkriterien leiten sich aus diesen Annahmen und den

Technologieverbesserungen ab. Die gleiche Entwicklung wurde für Autos mit Lithium-Schwefel-Akkus untersucht. Li-S-Akkus gelten als Zukunftstechnologie unter den Energiespeichern mit gutem Potenzial innerhalb der nächsten Dekade zur Marktreife entwickelt werden zu können. Dieser Zell-Typ besteht aus einer grundsätzlich anderen Chemie und besticht durch eine hohe gravimetrische Energiedichte und geringen Kosten. Im finalen Vergleich schneidet diese Technologie jedoch nicht besonders viel anders ab als Fahrzeuge auf Basis von Li-Ionen-Akkus.

Für das Modell *„leicht"* (grün gepunktete Linie in den Abbildungen 32-33) mit Li-Ionen-Akkus sind deutliche Verbesserungen hinsichtlich der Reichweite, Reichweitenverkürzung im Winter, des Verkaufspreises, Lebensdauer, der Betankungsdauer (DC-Schnellladung), Kofferraumvolumen und maximaler Zuladung zu erwarten. Bei diesen Kriterien beträgt das Verbesserungspotenzial mindestens 25 %. Die Reichweite kann durch die angesprochenen Verbesserungsmaßnahmen um 48 % gesteigert werden. Bemerkenswert ist auch das Potenzial einer Wärmepumpe im Winter, wodurch die Reichweitenreduzierung nur noch 15 statt 50 % beträgt. Eines der wichtigsten aktuellen Defizite in der Elektromobilität ist neben der Reichweite, Betankungsdauer und Lade-Infrastruktur der Verkaufspreis, der in diesem Modell um ca. 24 % auf unter 27.000 EUR geschätzt wird. Die Lebensdauer besitzt in der Betrachtung das größte Steigerungspotenzial mit über Faktor 3. Das liegt vor allem an der erhöhten Lebensdauer des Li-Ionen-Akkus. Moderates Steigerungspotenzial wird in der Erhöhung der freigegebenen Höchstgeschwindigkeit, der Beschleunigungsdauer und der Sicherheit des Fahrzeuges gesehen. Bei der Betankungsdauer ist prinzipiell von keinem Verbesserungspotenzial auszugehen, da bisher alle Zellen gemeinsam haben, von den hohen Ladeströmen und damit verbundenen Temperaturerhöhung Schaden zu nehmen. Nach Aussagen des Fraunhofer IWS ist es zwar möglich, Akkuzellen auf höhere Leistung auszulegen. Dies geht jedoch auf Kosten der Energiedichte und Reichweite und stellt damit keine grundsätzliche Lösung dar.

Für das Modell *„hohe Reichweite"* (grün gestrichelte Linie in den Abbildungen 32-33) mit Li-Ionen-Akkus besteht beachtliches Potenzial die Reichweite zu steigern. Unter Beachtung aller Reichweite-begünstigenden Verbesserungsmaßnahmen ließe sich die Reichweite nach eigenen Berechnungen (NEFZ-Standard) um Faktor 3,4 auf 541 km steigern. Den limitierenden Faktor stellen dabei das benötigte Bauvolumen des Energiespeichers und der begrenzte Platz im Auto dar. Der Akku-Preis stellt in der Praxis ebenfalls einen limitierenden Faktor dar. Für dieses Modell können ebenfalls mit starken Steigerungen der Lebensdauer und prozentualen Verbesserung der Reichweiten-reduzierung im Winter ausgegangen werden. Hinzu kommen Kofferraumvolumen (normal) und Höchstgeschwindigkeit. Letzteres kann aufgrund der hohen Reichweite des Autos um 50 % auf 210 km/h freigegeben werden. Durch Radnabenantriebe entsteht viel Freiraum im bisherigen Motorraum, so dass dieser Bereich als Kofferraum genutzt werden kann. Moderates Verbesserungspotenzial besitzen die Beschleunigung und das Kofferraumvolumen (geklappt). Wird das Auto auf eine hohe Reichweite ausgelegt, erhöht sich aufgrund der Akku-Kosten der Gesamtpreis des Fahrzeuges um ca. 12 %. Mit der hohen Akku-Kapazität geht auch eine direkt-proportional abhängige höhere Ladedauer für Schnell- sowie Normalladung einher. Mit normaler AC-Ladung per Wallbox zu Hause benötigt eine Komplettladung über 20 Stunden.

Die Zukunftspotenziale der Modelle auf Basis von Lithium-Schwefel-Akkus sind in den Diagrammen orange gekennzeichnet und unterscheiden sich nicht maßgeblich von der Entwicklung auf Basis von Li-Ionen-Akkus. Das Ergebnis dieser Arbeit zeigt, dass die Verwendung von Li-S- anstelle von Li-Ionen-Akkus positiven Einfluss auf die Reichweite, Reichweitenreduzierung im Winter, Verkaufspreis, Höchstgeschwindigkeit und maximale Zuladung hat. Die anfängliche Vermutung, dass sehr starke Reichweitensteigerungen aufgrund der hohen Energiedichte möglich seien, wird für das Referenzfahrzeug aus der Kompaktklasse widerlegt. Li-S-Zellen besitzen zwar eine 3,4-mal so hohe gravimetrische Energiedichte wie heutige Li-Ionen-Akkus, jedoch weist die volumetrische Energiedichte das gleiche Niveau auf. Da der Bauraum im PKW begrenzt ist, können nicht noch mehr Li-S-Zellen als Li-Ionen-Zellen zu verbauen. Die Akku-Kapazität ist also die gleiche, nur das Gewicht fällt geringer aus. Ein niedrigeres Gewicht begünstigt den Energieverbrauch des PKW und damit eine höhere Reichweite. In dieser Arbeit wird gezeigt, inwiefern die Reichweite von der freigegebenen Höchstgeschwindigkeit abhängt. Mit der Reichweite geben die Hersteller eine höhere Höchstgeschwindigkeit frei. Mit einem geringeren Gewicht sind auch höhere maximale Zuladungen möglich. Aufgrund der geringeren Herstellkosten von Li-S-Zellen, fällt der Verkaufspreis geringer aus.

Im Modell *„leicht"* (orange gepunktete Linie in den Abbildungen 32-33) beträgt die Reichweite 13 km mehr als unter Verwendung von Li-Ionen-Akkus. Die Höchstgeschwindigkeit kann theoretisch um weitere 5 km/h erhöht werden. Der Verkaufspreis könnte um ca. 700 EUR gesenkt werden.

Im Modell *„hohe Reichweite"* (orange gestrichelte Linie in den Abbildungen 32-33) fällt die Reichweite gegenüber Li-Ionen-Akkus um 65 km höher und die Höchstgeschwindigkeit um 10 km/h höher aus. Der Verkaufspreis kann dagegen um ca. 1.900 EUR gesenkt werden. Unabhängig von den gewählten Modellen wird in der Arbeit die Annahme getroffen, dass Li-S-Autos im Winter einer geringeren Reichweitenreduzierung ausgesetzt sind, da ihre optimalen Betriebsbedingungen einen breiteren Temperaturbereich abdecken. Weil Li-S-Zellen bei gleicher Kapazität leichter ausfallen, ist mit einer höheren maximalen Zuladung zu rechnen. Einzig bei den Kriterien Lebensdauer und Sicherheit besitzen Li-S-Akkus Nachteile gegenüber Li-Ionen. Das Fraunhofer Institut entwickelt derzeit Zellen mit einer Lebensdauer von 4.000 reversiblen Zyklen. Das entspricht einem Fünftel der Möglichkeiten einer zukünftigen Li-Ionen-Zelle mit entsprechendem Kathoden- und Anodenmaterial. Die Sicherheit wird in dieser

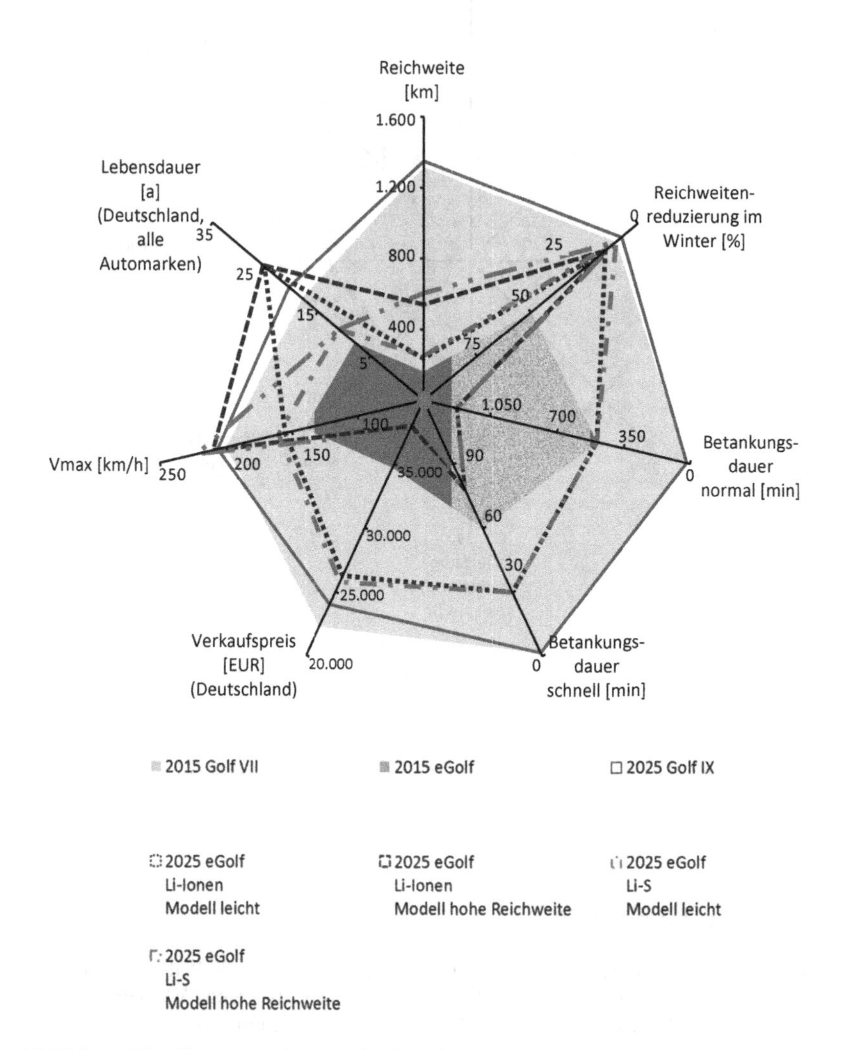

Abbildung 32: Zusammenfassung der Entwicklung von 2015 bis 2025 der ICE- und BEV-Technologie am Beispiel der Referenzfahrzeuge VW Golf VII (Diesel) und VW eGolf, Teil 1 von 2; Tabelle mit genauen Zahlenwerten in Anhang 7.2; eigene Darstellung

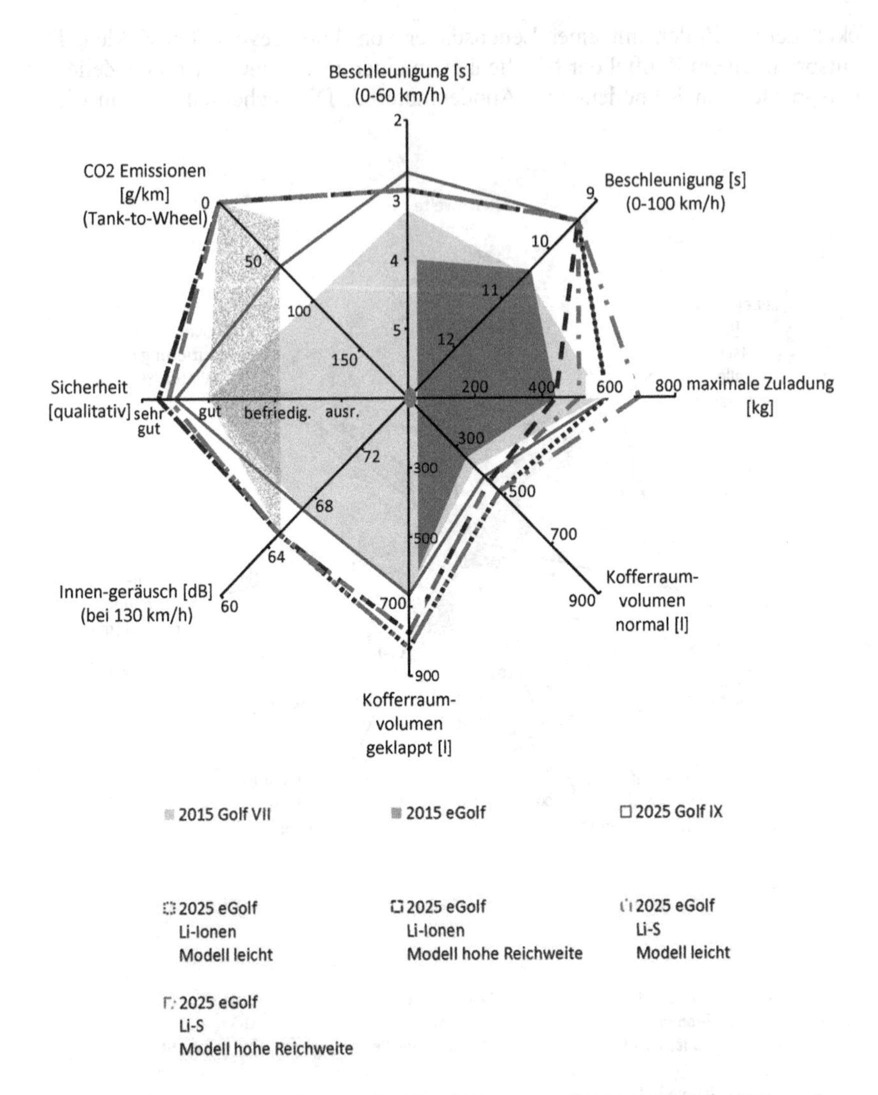

Abbildung 33: Zusammenfassung der Entwicklung von 2015 bis 2025 der ICE- und BEV-Technologie am Beispiel der Referenzfahrzeuge VW Golf VII (Diesel) und VW eGolf, Teil 2 von 2; Tabelle mit genauen Zahlenwerten in Anhang 7.2; eigene Darstellung

Die Ergebnisse dieser Arbeit gelten nur für batterieelektrische Fahrzeuge auf Basis der Parameter eines VW Golf (Diesel) und eGolf. An dieser Stelle werden die Ergebnisse der ICE-Entwicklung hinsichtlich des Kraftstoffs und die Ergebnisse der BEV-Entwicklung hinsichtlich des Fahrzeugsegments eingeordnet. Diesel Fahrzeuge emittieren pro Liter mehr CO_2 aber in der Bilanz durch den oft geringeren Verbrauch weniger CO_2 pro Kilometer. Die CO_2 Emissionen fielen bei einem Golf mit Ottomotor damit höher aus. Laut der Studie "CO_2 Reduzierungspotenziale bei PKW bis 2020" der RWTH Aachen fällt das CO_2-Reduzierungspotenzial bei Benzinern im Schnitt um 10 g/km höher aus als bei Diesel-Fahrzeugen. Das prozentuale Einsparpotenzial erhöht sich damit gegenüber Diesel (32,4 %) auf 35,8 % bis zum Jahr 2022 gegenüber 2010 [RWTH Aachen (2012), S. 54]. Wegen des höheren Verbrauchs fällt die Reichweite bei Ottomotoren geringer aus. Ein Benziner erreicht in der Regel eine größere Höchstgeschwindigkeit und ist in der Anschaffung günstiger [Vgl. VW Golf (2015)]. Es kann angenommen werden, dass die Ergebnisse repräsentativ für die Kompaktklasse sind, da sich Exterieur- und Interieurmaße, Leergewicht, Preis und Technik innerhalb einer Fahrzeugklasse gleichen [Vgl. Braess/Seiffert (2013), S. 134]. Höhere Fahrzeugklassen, wie bspw. Mittel- oder Oberklasse (deutsche Bezeichnungen nach Kraftfahrt-Bundesamt [Vgl. KBA (2015)]), bieten demzufolge also mehr Bauraum bei höheren Preisspannen. Darum darf angenommen werden, dass mehr Akku-Volumen verbaut werden kann. Dadurch ist mit einer höherer Reichweite, Höchstgeschwindigkeit und Verkaufspreis zu rechnen. Maximale Zuladung und Kofferraumvolumen werden entsprechend der Auslegung innerhalb der Fahrzeugklasse steigen. Mit höherer Reichweite muss theoretisch weniger häufig nachgeladen werden, sodass sich die Lebensdauer erhöhen kann. Gleichzeitig erhöht sich die Ladedauer proportional zur Akku-Kapazität. Alle anderen Effektkriterien wie Sicherheit, Reichweitenreduzierung im Winter, Innengeräusch und Beschleunigung sind nicht primär von der Fahrzeugklasse abhängig. Für niedrigere Fahrzeugklassen wie Klein- oder Kleinstwagen gelten die genannten Annahmen im umgekehrten Sinne. Um ein Fahrzeug einer Klasse zuordnen zu können, müssen nicht nur Größe und Preis beachtet werden, sondern auch die Zeitebene. Der erste VW Golf war beispielsweise deutlich kleiner und leichter als heute. Laut Europäischer Gemeinschaft wurde jedoch eine einheitliche Einordnung von Fahrzeugklassen erstellt. Das deutsche Kraftfahrt-Bundesamt folgt dieser Vereinheitlichung.

5.5 Kritische Würdigung der Ergebnisse

Da es keinem Menschen möglich ist, die Zukunft voraus zu sagen, ist diese Potenzial-analyse für das Jahr 2025 aus Prinzip mit Unsicherheiten behaftet. Basis der ermittelten Werte sind wissenschaftlich belegte Quellen zu technischen Kriterien und Hintergründen sowie zahlreiche notwendige Annahmen.

Die Ermittlung des zukünftigen Verkaufspreises eines BEV auf Basis des Referenzmodells VW eGolf wird mit hohem Risiko bewertet. Die Meta-Analyse der Akku-Preisentwicklung ergab eine breite Streuung an Erwartungswerten verschiedenster Institute und Experten. Da der Akkumulator einen wesentlichen Anteil am Gesamtpreis des Fahrzeuges hat, kann der tatsächliche Preis stark abweichen. Des Weiteren sind die Einflüsse von Skalen- und Lerneffekten in der Produktion sowie die angestrebten Verbesserungen von Produktionstechniken monetär schwer abschätzbar. Die prognostizierten Werte besitzen demnach das Potenzial, niedriger auszufallen. So gut wie gar nicht abschätzbar ist die Preispolitik des Herstellers und damit verbunden Gewinnmargen. Eine positive Preisprognose stammt von Prof. Markus Lienkamp von der TU München. Am dortigen Lehrstuhl wird im Projekt „Visio.M“ ein Elektroauto als Purpose Design entwickelt. Prof. Lienkamp prognostizierte bei einem Videointerview im Rahmen der Fernsehreportage „Die Story im Ersten: Das Märchen von der Elektro-Mobilität“, unter Annahme stark sinkendender Akkupreise, einen Verkaufspreis von 16.000 EUR im Jahr 2020 [Vgl. ARD (2015)].

In dieser Arbeit werden weitere unsichere Annahmen aufgrund mangelnder Datenlage getroffen, die in der Praxis teilweise stark abweichen können. Bezüglich der praktischen gravimetrischen Energiedichte eines Li-Ionen- sowie Li-S-Akkus liegen nur wenige Daten vor. So wird bspw. die Annahme getroffen, dass die zukünftige praktische Energiedichte gegenüber der theoretischen Energiedichte (also ohne Gehäuse, Steckverbindungen, etc.) um denselben Faktor kleiner ausfällt wie heute. Ebenso wird die Annahme getroffen, dass sich die praktische gravimetrische Energiedichte nicht mit der Akkumulator-Kapazität ändert. Entfernen sich diese Annahmen von der Realität, so muss von anderen Werten bei den von der Energiedichte abhängigen Effektkriterien ausgegangen werden. Dadurch ändert sich zum Beispiel das Leergewicht des Elektroautos und der Verbrauch, Reichweite, Höchstgeschwindigkeit, etc. Eine weitere unsichere Annahme ist, wieviel Bauraum für den Akkumulator in einem zukünftigen eGolf zur Verfügung stehen wird. Die volumetrische Energiedichte beschränkt in diesem Zusammenhang die Kapazität des Akkumulators und damit die Reichweite und weitere abhängige Effektkriterien. Zur Einschätzung der Gewichtseinsparungen durch die Verwendung von Radnabenantrieben wird das Gewicht des elektrischen Antriebsstranges mit Zentralmotor geschätzt. Fehleinschätzungen bedingen ebenfalls ein anderes Leergewicht des Fahrzeuges. Ob Radnabenantriebe zukünftig wirklich mehr Fahrzeugkontrolle durch die direkt und einzeln angesteuerten Räder leisten werden, kann zum derzeitigen Forschungsstand nicht sicher gesagt werden.

Die gewagteste Annahme dieser Arbeit ist, dass sich die verschiedenen Akku-Verbesserungen durch eine einzige Akku-Zellchemie erreichen lassen. In *Kapitel 4* wurden zahlreiche Forschungsaktivitäten genannt, die sich mit der Verbesserung diverser Effektkriterien durch neue Anoden-, Kathoden- oder Separatormaterialien befassen. Von den Forschungsinstituten werden oft nur eingeschränkte Informationen veröffentlicht, wie beispielsweise die Erhöhung der Akku-Lebensdauer durch ein neues Kathodenmaterial. Ob dadurch auch die Energiedichte erhöht oder gar gesenkt wird, wird oft nicht veröffentlicht.

Der NEFZ, zur Ermittlung der durchschnittlichen CO_2-Emissionen, steht zunehmend in der Kritik. Studien haben bereits belegt, dass die Messwerte wenig mit den Emissionen im realen Verkehr zu tun haben [Vgl. VDI (2015), S. 7]. Zukünftig soll der NEFZ vom WLTP (engl. Worldwide harmonized Light vehicles Test Procedure) abgelöst werden [Vgl. ADAC a (2014)]. Dieser „Weltzyklus" soll möglichst viele Facetten der Realität, wie höhere Dynamik und stärkere Beschleunigungsphasen, abdecken. Der ADAC geht in diesem Zusammenhang noch einen Schritt weiter. Im ADAC EcoTest werden die beiden Fahrzyklen zusammen mit einem zusätzlichen Autobahnzyklus, der neben Geschwindigkeiten bis 130 km/h auch Volllastanteile beinhaltet, miteinander kombiniert. Die ermittelten CO_2-Emissionen der ADAC Autotests fallen in der Regel höher aus.

Die Abgasaffäre des Volkswagen Konzerns stellt einen weiteren Unsicherheitsfaktor dar. Durch entsprechende Software ist es möglich Autotests zu erkennen und das Fahrzeug in einen speziellen Test-Modus zu versetzen [Vgl. Spiegel (2015)]. Dadurch soll die Motorleistung heruntergeregelt werden, so dass geringere CO_2-Emissionen entstehen. Die realen Emissionswerte und damit auch der Verbrauch fallen also höher aus. Diese Tatsache hat weitreichende Einflüsse auf viele Effektkriterien des gewählten ICE-Referenzfahrzeugs, wie Reichweite, Höchstgeschwindigkeit und Beschleunigungsdauer. Darüber hinaus kann vermutet werden, dass sich der zu erwartende Imageverlust zu zukünftig geringeren Verkaufspreisen führt. Fraglich ist ob weitere Automarken eine solche Software besitzen. Da diese Affäre erst zum Ende der Bearbeitung der Arbeit veröffentlich wurde, wird nicht weiter darauf eingegangen.

6 Zusammenfassung und Ausblick

In *Kapitel 5.4.* werden die Ergebnisse der Arbeit zusammengefasst und grafisch gegenübergestellt und in *Kapitel 5.5.* kritisch gewürdigt. In diesem Kapitel soll ein Rückblick auf die Arbeitsschritte der Arbeit gegeben und die Ergebnisse interpretiert werden. Die einleitenden Fragestellungen aus der Zielsetzung (*Kapitel 1.2.*) werden beantwortet. Anschließend wird auf alle möglichen Einflüsse der Entwicklung der Elektromobilität eingegangen um einen Ausblick auf die Gesamtheit der Elektromobilität zu geben.

Diese Arbeit behandelt das technische Entwicklungspotenzial zwischen batterieelektrisch (BEV) und konventionell angetriebenen Fahrzeugen (ICE) anhand ausgewählter Referenzfahrzeuge bis zum Jahr 2025. Dabei wird der aktuelle Stand der Technik anhand ausgewählter Effektkriterien miteinander verglichen, sowie Defizite und deren Ursachen aufgedeckt. Mittels aktueller Forschungs- und Entwicklungsprojekte wird das Verbesserungspotenzial der Technik von BEVs untersucht. Das Entwicklungspotenzial der ICEs wird mit Zeitreihenanalysen und daraus abgeleiteter Prognosen analysiert. Dabei werden externe Einflüsse, wie bspw. politische Maßnahmen, mit den Prognosen verknüpft. Am Ende werden mithilfe der Ergebnisse zukünftige BEV- und ICE-Referenzfahrzeuge modelliert und miteinander verglichen.

Im Folgenden werden die Zielfragen anhand der Referenzfahrzeuge, VW Golf VII Diesel und VW eGolf, beantwortet.

1. Welche Defizite besitzen BEVs gegenüber ICEs heute?
Der eGolf steht im Hinblick auf seine Reichweite, dem Reichweitenverlust im Winter, Betankungsdauer, Verkaufspreis, Höchstgeschwindigkeit und Lebensdauer seinem konventionellen Pendant stark nach. Die Unterschiede betragen teilweise ein Vielfaches, wie zum Beispiel bei der Reichweite oder der Betankungsdauer. Besonders ist auch der um mehr als 12.000 EUR höhere Verkaufspreis hervorzuheben.

2. Welche technischen Hintergründe verursachen die Defizite?
Die meisten Defizite werden durch den Energiespeicher verursacht. Die Zellchemie beeinflusst u.a. die gravimetrische und volumetrische Energiedichte und ist damit verantwortlich für Größe und Gewicht des Akkumulators. Bauraum und Leergewicht eines Fahrzeuges können nicht beliebig gesteigert werden. Des Weiteren begründen sich die langen Ladezeiten in der Zellchemie. Schnellladungen sind zwar möglich, aber auf lange Sicht schädlich und reduzieren damit die bereits niedrige Lebensdauer. Der Akkumulator ist die mit Abstand kostenintensivste Komponente im BEV. Ein Defekt kommt einem Totalschaden gleich.

Bei niedrigen Temperaturen steigt der Innenwiderstand des Akkumulators und die Reichweite wird stark verkürzt. Die Höchstgeschwindigkeit fällt bei den gewählten Referenzfahrzeugen der Kompaktklasse nicht durch eine technische Limitierung niedriger aus, sondern aufgrund von herstellerpolitischen Entscheidungen. Da der Energieverbrauch mit der Geschwindigkeit stark steigt, wird die Drehzahl des Elektromotors begrenzt, um dem Kunden eine gewisse Reichweite zu gewährleisten. Mit mehr Reichweite sind also höhere Maximalgeschwindigkeiten denkbar. Da die Reichweite maßgeblich vom Energie-verbrauch abhängt, spielen die Energieverluste im Antriebsstrang, sowie das Fahrzeug-Gewicht eine große Rolle. Ein niedriger Antriebsstrang-Wirkungsgrad und hohes Gewicht sind einflussreiche Teilaspekte für die niedrige Reichweite.

Stand der Technik sind Lithium-Ionen-Zellen mit verschiedenen Anoden- und Kathoden-materialien. Die heutigen Anodenmaterialien bestehen in der Regel aus Kohlenstoff-verbindungen. Die Kathode besteht aus oxidischen Übergangsmetallverbindungen wie bspw. LiCoO2 (Lithium Cobalt-Oxid). Die Materialien stellen bisher jedoch immer einen Kompromiss zwischen den verschiedenen Anforderungen an einen automobilen Energiespeicher dar.

3. Welche technischen Verbesserungen streben aktuelle Forschungs- und Entwicklungsprojekte an?

Die Entwicklungen des Energiespeichers werden durch Grundlagenforschung bestehender Li-Ionen-Technologie, sowie durch Forschung an gänzlich neuer Zellchemie voran-getrieben. Die Grundlagenforschung dient dazu, neue Kathoden- und Anoden-materialien zu finden, um die Lebensdauer und die gravimetrische Energiedichte zu erhöhen, die Temperatur-Betriebsbedingungen zu erweitern und Materialkosten zu sparen. Der Einsatz von seltenen Erden, wie bspw. Kobalt, erhöht den Akku-Preis enorm. Die Lithium-Schwefel-Zelle gilt heute als Zukunftstechnologie. Forschungsaktivitäten zielen auf eine besonders hohe gravimetrische Energiedichte bei niedrigen Kosten ab. Generell besteht allerdings wenig Potenzial den Akkumulator hinsichtlich Ladedauer und volumetrische Energiedichte zu verbessern. Parallel werden neue Produktionstechniken entwickelt, die die Produktion kosteneffizienter gestalten. Neue nationale und internationale Standards und Normungen sollen die Entwicklungsphasen nicht nur für den Energiespeicher, sondern für alle Fahrzeugkomponenten beschleunigen und für Kompatibilität sorgen. Chemische Forschung wird auch im Bereich Fahrzeugkarosserie und anderer Fahrzeugkomponenten vorgenommen, um das Gewicht zu reduzieren. Neue und verbesserte Antriebsstrang-Konzepte verlagern die Antriebsleistung näher ans Rad, wodurch verlustbringende Komponenten, wie Differenzial oder Getriebe, eingespart werden können. Darüber hinaus werden neue Peripheriesysteme, wie die Wärmepumpe oder die „Klimatisierung näher am Menschen" entwickelt, um elektrische Verbraucher zu minimieren.

4. Wie sieht ein technischer Vergleich der beiden Technologien in zehn Jahren aus? Können BEVs technisch aufholen oder ICEs gar überholen?

Die technische Potenzialanalyse zeigt, dass durchaus Verbesserungen batterieelektrischer Fahrzeuge zu erwarten sind. Jedoch wird die BEV- die ICE-Technologie über die nächsten zehn Jahre nicht einholen können. Gerade bei den kritischen Effektkriterien, wie Reichweite, Verkaufspreis und Betankungsdauer werden auch 2025 noch gravierende Defizite Stand der Technik sein.

Obwohl die Reichweite je nach Fahrzeugauslegung und Akku-Chemie um das 1,6- bis 3,7-fache gesteigert werden kann, beträgt der Unterschied immer noch die Hälfte bis zu einem Fünftel der Reichweite eines vergleichbaren Diesel-Fahrzeuges. Die Betankungsdauer pro Energieeinheit (für schonende Ladung) wird nicht gesteigert werden können, so dass höhere Akku-Kapazitäten mit höheren Ladezeiten einhergehen und weiterhin stundenlange Ladevorgänge hinzunehmen sind. Allerdings gibt es Aussichten auf eine sehr viel höhere zyklische Lebensdauer der Li-Ionen-Zellen. Die Lebensdauer des Akkumulators könnte die Lebensdauer des Fahrzeges übersteigen. Fraglich ist, ob dadurch (zellschädigende) Schnellladungen häufiger genutzt werden können, ohne dabei die Lebensdauer des Fahrzeuges zu senken. Kritisch zu betrachten ist der Verkaufspreis. In der Arbeit wird gezeigt, dass dieser nicht unter den Preis des Verbrenner-Fahrzeuges sinken wird. Der Verkaufspreis kann sogar steigen, wenn das Fahrzeug auf hohe Reichweite ausgelegt wird. Gleichzeitig ist eine Beurteilung der Preisentwicklung sehr schwierig, da zahlreiche unsichere Einflüsse berücksichtigt werden müssen (siehe *Kapitel 5.5. Kritische Würdigung*). Der Akku-Preis kann am unsichersten prognostiziert werden. Unter den Experten wird zwar einheitlich vermutet, dass die Kosten sinken, jedoch streuen die Erwartungswerte erheblich.

Einzig nennenswerter Mehrwert, den die BEV-Technologie gegenüber dem heutigen Technologievergleich besitzen wird, ist ein höheres Fahrsicherheits-Niveau unter der Prämisse, dass sich Radnabenantriebe durchsetzen. Durch die direkte Einzelradansteuerung werden neue Fahrdynamik- und Fahrassistenz-Regelsysteme in Aussicht gestellt, die denen eines Antriebsstranges mit zentralem Motor überlegen sein können.

Die Entwicklung der Effektkriterien ist von der Auslegung des Fahrzeuges abhängig. Es ist nicht zu erwarten, dass alle Effektkriterien zukünftig parallel besser werden. Teilweise schließen sie sich aus. Demzufolge ist auch im Jahr 2025 nicht mit einem „Alleskönner- Auto“ wie dem heutigen Verbrennerfahrzeug zu rechnen. Wird das Elektroauto auf hohe Reichweite ausgelegt, sind damit hohe Kosten und lange Ladezeiten verbunden. Wird es dagegen leicht, bei geringem Energieverbrauch gebaut, wird es zwar um einiges günstiger, aber es geht auch eine geringe Reichweite und geringere Höchstgeschwindigkeit einher.

Die technische Potenzialanalyse wurde auf Basis der Referenzfahrzeuge Golf VII und eGolf der Kompaktklasse durchgeführt. Bei höheren Fahrzeugsegmenten (z.B. Oberklasse) bestehen größerer Potenziale zur ICE-Technologie aufzuschließen (siehe *Kapitel 5.4.*). Bei kleineren Fahrzeugsegmenten (z.B. Kleinfahrzeug) gehen die Werte der Effektkriterien voraussichtlich weiter auseinander. Um hierbei eine fundierte Aussage treffen zu können, gilt es eine technische Potenzialanalyse für alle Fahrzeugsegmente hinweg durchzuführen.

Die tatsächliche Entwicklung batterieelektrischer Fahrzeuge ist von einer hohen Anzahl von Einflussfaktoren abhängig. Um die BEV-Technologie in die Gesamtheit der zukünftigen Mobilität einzuordnen, werden im Folgenden wichtige externe Einfluss-faktoren und Parallelentwicklungen stichpunktartig genannt:

- Entwicklung der ICE-Technologie
  a. Technologiefortschritt (Leichtbau, Effizienzsteigerungen, usw.)
  b. Ölpreisentwicklung
  c. Preisentwicklung Gesamtfahrzeug
  d. Biokraftstoffe
- Entwicklung anderer alternativer Antriebe (z.B. Brennstoffzellenauto)
  a. Technologiefortschritt
  b. Preisentwicklung Gesamtfahrzeug
  c. Nachhaltige Wasserstofferzeugungstechnologien
- Entwicklung neuer Produktionstechniken und Materialien für den Fahrzeugbau
- Wettbewerbsentwicklung unter den Herstellern und der Zuliefererindustrie
- Technologieübergreifende Kooperationen und Fusionen (z.B. Chemieindustrie und Maschinenbau für neue Leichtbaukonzepte)
- Neue Geschäftsmodelle für die Mobilität
  a. Vehicle-2-Grid
  b. Car-Sharing
  c. Mitnahmesysteme
  d. Integration mobiler Dienste ins Auto
- Politik
  a. Nationale und internationale Entscheidungen zur Regelung und Lenkung der Mobilität von heute und morgen
  b. Internationale Wirtschaftsbeziehungen
  c. Kriege

- Entwicklung der Kundenbedürfnisse bzgl.
    a. Mobilität
    b. Umweltbewusstsein
    c. Ressourcenabhängigkeit
    d. Sicherheit

Um die Mobilität von Morgen unter den Prämissen der CO_2-Reduzierung und Erfüllung der Mobilitätsbedürfnisse abbilden zu können, gilt es neben einer technischen Potenzialanalyse der ICE- und BEV-Technologie zahlreiche weitere Entwicklungen zu untersuchen.

Literaturverzeichnis

ADAC (2003): ADAC e. V.; ADAC Autotest 2003 VW Golf Basis 1,9 TDI; Stand: Februar 2003

ADAC (2008): ADAC e. V.; ADAC Autotest 2008 VW Golf 1.9 TDI Comfortline (DPF); Stand: Januar 2008

ADAC (2009): ADAC e. V.; ADAC Autotest 2009 VW Golf 1.6 TDI; Stand: September 2009

ADAC (2013): ADAC e. V.; ADAC Autotest 2013 VW Golf 1.6 TDI BlueMotion Trendline (DPF); Stand: November 2013

ADAC (2014): ADAC e. V.; ADAC Autotest 2014 VW eGolf; Stand: Juni 2014

ADAC a (2014): ADAC e.V.; EcoTest Bewertungskriterien; URL: www.adac.de/_mmm/pdf/EcoTest_neu_118924_199913.pdf; Stand: Februar 2014

Akkuladezeit (2015): Akku - Auswahlkriterien; URL: www.akkuladezeit.de/s/akku_auswahlkriterien.html; Stand: 15.04.2015

Albers/Herrmann (2007): Albers, S.; Herrmann, A.; Handbuch Produktmanagement. Strategieentwicklung – Produktplanung – Organisation – Kontrolle. 3.; überarb. und erw. Auflage. Gabler; Wiesbaden 2007

AMS (2013): Auto Motor und Sport; online-Bericht; URL: www.auto-motor-und-sport.de/news/elf-fragen-zum-bmw-i3-alles-ueber-den-elektro-neuling-von-bmw-7924305.html; Stand: 19.12.2013

AMS (2014): Auto Motor und Sport; Artikel: So kommt die nächste Golf Generation; Heft 18/2014

Aral (2015): Aral FAQ; URL: www.aral.de/de/forschung/faq/faqs.html; Stand: 13.03.2015

ARD (2015): Das Erste; Video: Die Story im Ersten: Das Märchen von der Elektro-Mobilität; URL: www.daserste.de/information/reportage-dokumentation/dokus/videos/die-story-im-ersten-das-maerchen-von-der-elektro-mobilitaet-100.html; Stand: 10.08.2015

autobild (2004): Der wahre Volkswagen; URL: www.autobild.de/artikel/vw-golf-ii-1983-1991-92--44133.html; Stand: 19.01.2004

autobild (2009): Die Geschichte vom guten Golf; URL: www.autobild.de/ klassik/artikel/vw-golf-i-862335.html; Stand: 26.03.2009 autokatalog (2015): VW Golf II (1983-1992) + VW Golf III (1991-1997); URL: autokatalog.autoscout24.de/vw/golf-ii-1983-1992/1.6-td-51-kw-70-ps/pasadena-10521097/; autokatalog.autoscout24.de/vw/golf-iii-1991-1997/1.9-td-55-kw-75-ps/joker-10521881/; Stand: 18.06.2015

autoplenum (2015): ; VW Golf 1, 55 PS Limousine (1983-1983) Tests und Erfahrungen & Gebrauchtwagen, Jahreswagen, Neuwagen; URL: www.auto plenum.de/Auto/VW/Golf+1/Test-VW-Golf-1-1983-1983-id17698.html?tab=data; Stand: 19.06.2015 Verfügbar bis 10.08.2016

AutoScout24 (2015): AutoScout24 GmbH Privatkundenservice; Interview per Email vom 16.06.2015

Babiel (2014): Babiel, G.; Elektrische Antriebe in der Fahrzeugtechnik; Lehr- und Arbeitsbuch; Springer Vieweg; Wiesbaden; 3. Auflage 2014

batteriezukunft.de (2011): online-Bericht; PV-Lernkurve lässt Kostendegression auch bei Li-Ion-Batterien erwarten; URL: www.batteriezukunft.de/ kosten/ pv-lernkurve; Stand: Datum nicht erkenntlich

batteriezukunft.de (2014): online-Bericht; Phinergys Aluminium-Luft-Batterie: 1.750 Kilometer Reichweite ohne Aufladen, danach in die Werkstatt; URL: www.batteriezukunft.de/news/phinergys-aluminium-luft-batterie-1750-kilometer-reichweite-ohne-aufladen-danach-die-werkstatt; Stand: 18.11.2014

Berlin (2013): online-Bericht; VW Golf 7: Die leichte Generation; URL: www. berlin.de/special/auto-und-motor/fahrberichte/vw/2671324-55124-vw-golf-7-die-leichte-generation.html; Stand: 09.12.2013

Bertram/Bongard (2014): Bertram, M., Bongard, S.; Elektromobilität im motorisierten Individualverkehr; Springer Vieweg Verlag; Wiesbaden, 2014

Bloomberg New Energy Finance (2012): online-Bericht von ingenieur.de; Batterien bleiben größte Hürde für Elektroautos; URL: www.ingenieur.de/ Themen/Elektromobilitaet/Batterien-bleiben-groesste-Huerde-fuer-Elek troautos; Stand: 29.06.2012

BMUB (2014): Kyoto-Protokoll; URL: www.bmub.bund.de/themen/klima-energie/klimaschutz/internationale-klimapolitik/kyoto-protokoll/; Stand: 25.08.2014

BMUB a (2014): Bundesministerium für Umwelt, Naturschutz, Bau und Reaktorsicherheit; Erneuerbar Mobil; URL: www.erneuerbar-mobil.de/de/ mediathek/dateien/broschuere-erneuerbar-mobil-2014-dt.pdf; Stand: März 2014

BMW (2015): Der BMW i3. Preisliste.; Ausgabe 1; Stand: Juli 2015

Bortz (2005): Bortz, Jürgen; Statistik für Human- und Sozialwissenschaftler; 6. Auflage; Springer Verlag; 2005

Bosch (2015): Bosch GmbH - Mobility Solutions; URL: www.bosch-presse.de/presseforum/details.htm?txtID=7108&locale=de; Stand: 26.02.2015

Braess/Seiffert (2013): Braess, H.-H., Seiffert, U.; Vieweg Handbuch Kraftfahrzeugtechnik; Springer Vieweg; 2013 7. Auflage

Broussely (2004): Broussely M., Archdale G.; Li-Ion batteries and portable power source prospects for the next 5-10 years; J Power Sources 136 (2); S. 386ff.

Bundesregierung (2015): Bundeskanzlerin Angela Merkel, Rede zur Nationalen Konferenz „Elektromobilität – Stark in den Markt"; URL: www.bundes regierung.de/Content/DE/Rede/2015/06/2015-06-15-elektromobilitaet.html; Stand: 15.06.2015

charged (2015): CHARGED electric vehicle magazine; Thermal battery could heat and cool a vehicle without using electricity; URL: http://chargedevs.com/newswire/thermal-battery-could-heat-and-cool-a-vehicle-without-using-electricity/; Stand: 04.05.2015

competence-e.kit.edu (2015): Karlsruher Institut für Technologie; Willkommen beim Projekt Competence E; URL: www.competence-e.kit.edu/; Stand: 08.06.2015

Continental (2008): Fremderregte Synchronmaschine im Einsatz als Achshybridantriebe; URL: www.ew.tu-darmstadt.de/media/ew/vortrge/270608_ vortrag_hackmann.pdf; Stand: 27.06.2008

Continental a (2015): Continental AG; online-Bericht; Schlüsselkomponente des Elektroantriebs: Continental Leistungselektronik ausgezeichnet und weiter optimiert; URL: www.continental-corporation.com/www/ presseportal_com_de/themen/pressemitteilungen/3_automotive_group/powertrain/press_releases/pr_2015_04_21_schluesselkomponente_de.html; Stand: 21.04.2015

Continental b (2015): Continental AG; online-Bericht; Neuer Elektroantrieb von Continental: Maßgeschneidert für den chinesischen Markt; URL: www.continental-corporation.com/www/presseportal_com_de/themen/presse mitteilungen/3_automotive_group/powertrain/press_releases/pr_2015_06_29_emotor_de.html; Stand: 30.06.2015

DEKRA (2015): Deutscher Kraftfahrzeug-Überwachungs-Verein; Information zum Thema CO2; URL: www.dekra-online.de/co2/co2_rechner.html; Stand: 21.06.2015

DEKRA a (2015): online-Bericht; Mit der Temperatur sinkt die Reichweite; URL: www.dekra.de/de/pressemitteilung?p_p_lifecycle=0&p_p_id= ArticleDisplay_WAR_ArticleDisplay&_ArticleDisplay_WAR_Article Display_articleID=7200581; zuletzt aufgerufen am: 26.08.2015

DEKRA b (2015): Die Sicherheit von Elektroautos; URL: www.dekra-elektro mobilitaet.de/de/sicherheit; Stand: 31.08.2015

DLR (2013): Deutsches Institut für Luft- und Raumfahrt; Elektromobilität: Forschungsprojekt FAIR verlegt Antrieb ins Rad; URL: www.dlr.de/ dlr/presse/desktopdefault.aspx/tabid-10310/473_read-6724/year-2013/#/ gallery/9299; Stand: 11.04.2013

Dröder (2012): Leichtbau Technologie; URL: www.automobil-industrie. vogel.de/engineering/articles/247579/; Stand: 27.01.2010

DuPont (2011): Materials are Critical to Reduce Dependence on Fossil Fuels; URL: www.dupont.com/industries/automotive/articles/materials-fossil-fuels.html; Stand: 2011

EKRA (2015): online-Interview; Nie mehr schief gewickelt – PriMa3D im Porträt; EKRA Automatisierungssysteme GmbH; URL: www.effizienz fabrik.de/de/aktuelles-elektromobilitaet/nie-mehr-schief-gewickelt-%E2% 80%93-prima3d-im-portraet/1305/; Stand: 18.04.2015

Elektromobilitaet (2015): Lithium-Ionen-Akkus; URL: www.elektromobilitaet. com/wissen-elm/batterien-fuer-elektroautos/lithium-ionen-akkumulato ren/; Stand: 09.05.2015

Elektroniknet a (2014): online-Bericht; Was man über Lithium-Schwefel-Akkus wissen muss; URL: www.elektroniknet.de/power/energiespeicher/artikel/ 105459/; Stand: 06.02.2014

Elektroniknet b (2014): online-Interview mit Dr. Althues, Gruppenleiter „Chemische Oberflächentechnologie" am Fraunhofer IWS; Was man über Lithium-Schwefel-Akkus wissen muss; URL: www.elektroniknet.de/ power/energiespeicher/artikel/105459/; Stand: 06.02.2014

emobility.volkswagen.de (2015): Volkswagen e-mobility. Think Blue.; URL: http://emobility.volkswagen.de/de/de/private/Technologie/Akkutechnolo gie.html; Stand: 15.05.2015

Energy (2012): Team Led by Argonne National Lab Selected as DOE's Batteries and Energy Storage Hub; URL: http://energy.gov/articles/team-led-argonne-national-lab-selected-doe-s-batteries-and-energy-storage-hub; Stand: 30.11.2012

Euro NCAP (2015): The European New Car Assessment Programme; URL: www.euroncap.com/de; Stand: zuletzt aufgerufen am: 31.08.2015

FAZ (2013): online-Bericht; IV gegen VII - Ein kleiner Golf-Kurs; URL: www.faz.net/aktuell/technik-motor/auto-verkehr/iv-gegen-vii-ein-kleiner-golf-kurs-12307316.html; Stand: 29.07.2013

Focus (2014): Focus online-Bericht; Garagenbrände durch Elektroautos? Vorsicht beim Laden; URL: www.focus.de/auto/elektroauto/schuko-steckdosen-nicht-immer-geeignet-garagenbraende-bei-elektroautos-vorsicht-beim-laden_id_3496926.html; Stand: 14.01.2014

Forschung-energiespeicher (2014): Magnesiumsulfid: Alternative zu Lithium; URL: http://forschung-energiespeicher.info/projektschau/industrielle-prozesse/projekt-einzelansicht/109/Magnesiumsulfid_Alternative_zu _Lithium/; Stand: 12.12.2014

Fraunhofer IPA (2014): Pressemitteilung; Nano-Superkondensatoren für Elektroautos; URL: www.fraunhofer.de/de/presse/presseinformationen/ 2014/Juli/Nano-Superkondensatoren.html; Stand: 01.07.2014

Fraunhofer ISC (2013): Fraunhofer-Instituts für Silicatforschung ISC; Strom reloaded; URL: www.fraunhofer.de/de/publikationen/fraunhofer-magazin/weiter-vorn_2013/weitervorn_4-2013_Inhalt/weitervorn_4-2013 _08.html; Stand: 31.08.2015

Fraunhofer ISI (2010): Fraunhofer-Institut für System- und Innovationsforschung (ISI), Technologieroadmap Lithium-Ionen-Batterien 2030; Stand: 2010

Fraunhofer ISI (2013): Plötz, P., Gnann, T., Kühn, A., Wietschel, M.; Studie; Markthochlaufszenarien für Elektrofahrzeuge; Karlsruhe; 18.09.2013

Fraunhofer IWM (2015): Fraunhofer-Institut für Werkstoffmechanik IWM; Fraunhofer-Leitprojekt Kritikalität Seltener Erden; URL: www.seltene-erden.fraunhofer.de/publishing-notes/; zuletzt abgerufen am 27.08.2015

Fraunhofer IWS (2013): Fraunhofer-Institut für Werkstoff- und Strahltechnik IWS; Jahresbericht; Produktionstechnologien zur Herstellung von Batteriezellen; URL: www.iws.fraunhofer.de/content/dam/iws/de/documents/ publikationen/jahresberichtsbeitraege/JB_IWS_2013_de_S24-25.pdf; Stand: 2013

Fraunhofer IWS (2014): Präsentation; Stand der Forschung zur Lithium-Schwefel-Batterie: Zukünftige Speicher für Elektrofahrzeuge mit erhöhter Reichweite?; URL: www.vdi.de/fileadmin/vdi_de/redakteur/bvs/bv_ dresden_dateien/2014_03_Althues.pdf; Stand: 17.03.2014

Fraunhofer IWS (2015): Interview mit Holger Althues; 22.07.2015 fraunhofer.de (2012): Presseinformation; Batterien von Elektroautos – gut gekühlt; URL: www.fraunhofer.de/de/presse/presseinformationen/2012/ juli/batterien-von-elektroautos-gut-gekuehlt.html; Stand: 02.07.2012

Futurezone (2014): Magnesium-Akkus sollen Elektroautos Beine machen; URL: futurezone.at/science/magnesium-akkus-sollen-elektroautos-beine-machen/58.630.871; Stand: 07.04.2014

Green Car Congress (2013): online- Bericht; BMW's hybrid motor design seeks to deliver high efficiency and power density with lower rare earth use; URL: www.greencarcongress.com/2013/08/bmw-20130812.html; Stand: 13.08.2013

Green Car Congress (2015): online-Bericht; UC Berkeley/Berkeley Lab teams develops high-rate, long-life Li-S battery with Li2S-graphene cathode; URL: www.greencarcongress.com/2015/05/20150501-hwa.html; Stand: 01.05.2015

Griin (2013); online-Bericht; E-Autos sind sicherer als herkömmliche Verbrenner!; URL: http://griin.de/serienreifes/e-autos-sind-sicherer-als-herkoemm liche-verbrenner; Stand: 03.12.2013

Gruenautos (2011): Pressemitteilung; Mazda präsentiert regeneratives Bremssystem mit Kondensator zur Energiespeicherung; URL: www.grueneautos. com/2011/11/mazda-prasentiert-regeneratives-bremssystem-mit-kon densator-zur-energiespeicherung/; Stand: 28.11.2011

Haken (2013): Haken, K.-L.; Grundlagen der Fahrzeugtechnik; Carl Hanser Verlag München; 3. Auflage; 2013

Handelsblatt (2008): online-Bericht; Lebensdauer eines Autos steigt kaum noch; URL: www.handelsblatt.com/auto/nachrichten/lebensdauer-eines-autos-steigt-kaum-noch/2918710.html; Stand: 05.02.2008

Handelsblatt (2014): online-Bericht; Wallbox für 890 Euro extra; URL: www. handelsblatt.com/auto/test-technik/volkswagen-e-golf-im-fahrbericht-wallbox-fuer-890-euro-extra/9596430-2.html; Stand: 11.03.2014

HEAD (2015): HEAD acoustics - Consulting; URL: www.head-acoustics.de/ de/ nvh_consulting_automotive_consulting.htm; Stand: 23.06.2015

HU Berlin (2010): Humboldt-Universität zu Berlin, Institut für Physik Physikalisches Grundpraktikum; Regressionsanalyse; http://gpr.physik.hu-berlin. de/Aktuelles/Regression.pdf; Stand 22.03.2010

Jonson Controls (2012): online-Bericht der wirtschaftswoche; VW rechnet mit rasch sinkenden Batteriepreisen; URL: www.wiwo.de/ unternehmen/auto/ elektroautos-vw-rechnet-mit-rasch-sinkenden-batteriepreisen/6458322. html; Stand: 31.03.2012

Kampker (2014): Kampker, A.; Elektromobilproduktion; Springer Vieweg; Berlin Heidelberg; 2014

Keichel/Schwedes (2013): Keichel, M., Schwedes, O.; Das Elektroauto - Mobilität im Umbruch; Springer Vieweg; Wiesbaden; 2013

KIT (2012): Elektrotechnisches Institut (ETI); E-Motoren hoher Leistungsdichte; Partner Daimler AG im Rahmen des Projekthaus eDrive; URL: www.eti.kit.edu/1071_1372.php; Stand: 14.06.2012

KIT (2015): Karlsruher Institut für Materialforschung; Projekt Competence E, Produktionssysteme; URL: www.competence-e.kit.edu/347.php; Stand: 23.06.2015

KIT a (2013): Karlsruher Institut für Technologie; Potentiale verbesserter Kühlkonzepte für elektrische Fahrantriebe in Hybrid- und Elektrofahrzeugen; URL: www.eti.kit.edu/veroeffentlichungen_1840.php; Stand: 07.11.2013

KIT a (2014): Karlsruher Institut für Technologie; Presseinformation vom 02.05.2014; Mix aus schneller und konventioneller Ladung schont die Batterie; Monika Landgraf; URL: www.kit.edu/kit/pi_2014_15069.php; Stand: 02.05.2014

KIT a (2015): Karlsruher Institut für Materialforschung; Elektrotechnisches Institut (ETI) Hybridelektrische Fahrzeuge; Studienarbeit; Auswirkung der Wicklungsart auf die Performanz einer FESM im Fahrzyklus unter Berücksichtigung des thermischen Verhalten ; URL: www.eti.kit.edu/ img/
content/Aushang_stud_Arbeiten_FESM_Richter.pdf; Stand: 19.01.2015

KIT b (2013): Karlsruher Institut für Technologie; Projekt Competence E; MAT4BAT – Advanced Materials for batteries; URL: www.competence-e.kit.edu/239.php; Stand: 20.07.2015

KIT b (2014): Karlsruher Institut für Technologie; Potenzialanalyse geschalteter Reluktanzmaschinen; URL: www.eti.kit.edu/mitarbeiter_1819.php; Stand: 28.01.2014

KIT b (2015): Karlsruher Institut für Technologie; Masterarbeit; Konstruktion eines hochdrehenden geschalteten Reluktanzmotors als Traktionsantrieb für Elektroautos; URL: www.eti.kit.edu/download/Greule_Konstruktion _PrototypSRM.pdf; Stand: 17.08.2015

KIT c (2014): Karlsruher Institut für Technologie; Presseinformation; Neuer Elektrolyt ermöglicht Bau von Magnesium-Schwefel-Batterien; URL: www.kit.edu/kit/pi_2014_16001.php; Stand: 2014

KIT c (2015): Karlsruher Institut für Technologie; Masterarbeit; Implementierung eines neuartigen hocheffizienten Regelverfahrens für die geschaltete

Reluktanzmaschine; URL: http://www.eti.kit.edu/download/Greule_neuartigesRegelverfahren_SRM_141103.pdf; Stand: 17.08.2015

Korthauer (2013): Korthauer, R.; Handbuch Lithium-Ionen-Batterien; Springer Verlag; Berlin Heidelberg; 2013

McKinsey & Company (2012): Studie; Battery technology charges ahead; URL: www.mckinsey.com/insights/energy_resources_materials/battery_techno logy_charges_ahead; Stand: July 2012

Mercedes (2015): A-Klasse, Baureihe W168; URL: www.mercedes-benz.de/ content/germany/mpc/mpc_germany_website/de/home_mpc/passenger cars/home/_used_cars/technical_data/saloons/a-class_w168.html; Stand: 15.09.2015

Müller (2015): Müller, E.; Technikgeschichte live: Vom Schießpulver zur Elektromobilität; Books on Demand; Norderstedt; 2015

NPE (2011): Nationale Plattform Elektromobilität; AG2 der NPE; Daten entstammen aus 'Fraunhofer ISI (2013)'

NPE (2014): Fortschrittsbericht 2014 - Bilanz der Marktvorbereitung; Gemeinsame Geschäftsstelle Elektromobilität der Bundesregierung (GGEMO); Berlin; Dezember 2014

NPE (2015): Elektromobilität; URL: www.bmwi.de/DE/Themen/Industrie/ Industrie-und-Umwelt/elektromobilitaet.html; Stand: 23.09.2015

NPE a (2010): Zwischenbericht der Nationalen Plattform Elektromobilität; AG2; Gemeinsame Geschäftsstelle Elektromobilität der Bundesregierung; Berlin; 2010

NPE b (2010): Zwischenbericht der Nationalen Plattform Elektromobilität; AG1 Antriebstechnologie und Fahrzeugintegration; Gemeinsame Geschäftsstelle Elektromobilität der Bundesregierung; Berlin, 30.11.2010

P3 (2014): M. Hackmann, H. Pyschny, R. Stanek; Total Cost Of Ownership Analyse Für Elektroautos; P3 Ingenieurgesellschaft mbH und electrive. net; 2014; Download-URL: www.p3-group.com/downloads/ 2/6/6/7/ 4/P3-TCO-Analyse-Elektrofahrzeuge-2018_26674.pdf

Peters (2012): Peters, A., Doll, C., Kley, F., Möckel, M., Plätz, P., Sauer, A., et al.; Konzepte der Elektromobilität - Ihre Bedeutung für Wirtschaft, Gesellschaft und Umwelt; TAB (Büro für Technologiefolgen-Abschätzung beim Deutschen Bundestag); Berlin: edition sigma

PIKE Research (2014): online-Bericht der Wirtschaftswoche; Elektroautos: So sieht die Batteriewelt in sieben Jahren aus; URL: http://green.wiwo.de/ elektroautos-so-sieht-batteriewelt-in-sieben-jahren-aus/;Stand: 31.07.2014

Poel-Tec (2015): Zapfsäule; URL: www.poel-tec.com/lexikon/zapfseule.php; zuletzt abgerufen am 26.08.2015

PowerJapanPlus (2015): Balancing the Battery Equation; URL: http:// power-japanplus.com/battery/equation/; Stand: 22.07.2015

pressrelations (2012): Pressemitteilung; Volkswagen AG erhält die Automotive INNOVATIONS Awards; URL: www.pressrelations.de/new/standard/ result_main.cfm?aktion=jour_pm&r=493855; Stand: 09.05.2012

Recharge (2013): Recharge aisbl.; The European Association for Advanced Rechargeable Batteries; Publikation; Safety of Li-Ionen batteries; Juni 2013

Regierungsprogramm (2011): Regierungsprogramm Elektromobilität; Bundesministerien BMWi, BMVBS, BMU, BMBF; Mai 2011; Berlin

Reif (2011): Reif, C.; Bosch Grundlagen Fahrzeug- und Motorentechnik – Konventioneller Antrieb, Hybridantriebe, Bremsen, Elektronik; Vieweg + Teubner; 2011

Renault (2012): Renault – Electric Powertrains & Batteries Division; Vortrag; Efficient Electric Powertrain with Externally Excited Synchronous Machine without Rare Earth Magnets; URL: http://myrenaultzoe.com/Docs/ 2012_wien_vortrag_uv.pdf; Stand: 27.04.2012

Renault (2015): Renault Deutschland; Z.E. Services; URL: www.renault.de/ renault-modellpalette/ze-elektrofahrzeuge/zoe/zoe/z-e-services.jsp; Stand: 20.07.2015

Roch, Aeneas (2014): Statistik für Ingenieure, Wahrscheinlichkeitsrechnung und Datenauswertung endlich verständlich; Springer Lehrbuch; Berlin Heidelberg

Roland Berger (2011): Roland Berger Strategy Consultant et. Al.; Studie; Battery material cost study V.2.4; Stand: Q1 2011

Rooch (2014): Rooch, A., Statistik für Ingenieure; Springer Verlag Berlin Heidelberg; 2014

RP-Enerige-Lexikon (2015): Elektromotor; URL: www.energie-lexikon.info/ elektromotor.html; Stand: 08.09.2015

RWTH Aachen (2012): ika - Institut für Kraftfahrzeuge; Abschlussbericht; CO2-Reduzierungspotenziale bei PKW bis 2020; Dezember 2012

SafeBatt (2015): Infineon Technologies AG; Aktive und passive Maßnahmen für eigensichere Lithium-Ionen-Batterien; URL: www.safebatt-project.eu; Stand: 31.08.2015

Schaeffler (2013): Schaeffler Technologies GmbH & Co. KG; E-Wheel Drive - Efficient Future Mobility; URL: www.schaeffler.com/remotemedien/ media/_shared_media/08_media_library/01_publications/schaeffler_2/api/downloads_13/oew_de_de.pdf; Stand: 20.08.2015

Schaeffler (2014): Schaeffler Technologies GmbH & Co. KG; Flinker in der Stadt – Radnabenantriebe von Schaeffler; URL: www.schaeffler.com/ remotemedien/media/_shared_media/08_media_library/01_publications/ schaeffler_2/symposia_1/downloads_11/Schaeffler_Kolloquium_2014_ 30_de.pdf; Stand: 20.08.2016

Schäfer (2014): Dr. Schäfer, H.; Magnetlose elektrische Maschinen, gekennzeichnet durch eine hohe Materialverfügbarkeit und deshalb prädestiniert für den breitflächigen Einsatz in Hybrid- und Elektrofahrzeugen; URL: www.hofer.de/de/download/Wiener_Motorensymp_2014_H-Schaefer_d. pdf; Würzburg; Stand: 13.08.2015

Schramm et al. (2013): Schramm, D.; Hiller, M.; Bardini, R.; Modellbildung und Simulation der Dynamik von Kraftfahrzeugen; Berlin/Heidelberg; Springer Verlag, 2013

Siemens (2013): Siemens AG; Geschäftseinheit inside e-car; Elektromobilität; Mehr Kilowatt je Kilogramm; URL: www.siemens.com/innovation/de/ home/pictures-of-the-future/mobilitaet-uns-antriebe/electromobilitaet-elektromotoren.html; Stand: 13.08.2013

Siemens (2014): Siemens AG; Sichere Lithium-Batterien mit hoher Lebensdauer; URL: www.siemens.com/innovation/de/news/2014/inno_1422_1.htm; Stand: 09.09.2014

Sionpower (2015): The Rechargeable Battery Company; URL: www.sionpower. com/technology.html; Stand: 01.06.2015

Slate (2014): New Lithium-Ion Batteries Could Charge an Electric Car in 15 Minutes; URL: www.slate.com/blogs/future_tense/2014/10/14/faster_ charging_and_longer_lasting_batteries_from_nanyang_technological. html; Stand: 14.10.2014

Spektrum (2014): online-Bericht; Zukunft Batterie – Der Akku wird neu erfunden; URL: www.spektrum.de/news/der-akku-wird-neu-erfunden/12806 37; Stand: 01.04.2014

Spiegel (2015): Spiegel Online; Test mit Überraschung: So kamen die US-Behörden VW auf die Spur; URL: www.spiegel.de/auto/aktuell/volkswagen-skandal-wie-die-us-behoerden-vw-auf-die-spur-kamen-a-1053972.html; Stand: 21.09.2015

Spritbremse (2015): Die Spritbremse: Faktoren, die den Spritverbrauch beeinflussen; URL: http://www.spritbremse.de/verbrauchsfaktoren.html; Stand: 25.06.2015

Stark (2014): Stark, Wilko Andreas; Leiter Daimler Strategie & MBC Produktstrategie- und Planung; Video-Interview mit electrive.net-Chefredakteur Peter Schwierz; URL: www.youtube.com/watch?v=txGwh29WzOQ; Stand: 08.04.2014

Statista (2014): Typische Lebensdauer von Autos in Deutschland nach Automarken (Stand: 2014*; in Jahren); URL: http://de.statista.com/statistik/daten/studie/316498/umfrage/lebensdauer-von-autos-deutschland/; Stand: 20.07.2015
* Die Quelle macht keine genauen Angaben zum Errhebungsdatum.

Sterbak (2010): Sterbak, R.; Volle Ladung, in: Pictures of the Future – Die Zeitschrift für Forschung und Innovation: Nachhaltige Mobilität – Wie der Verkehr effizienter und umweltfreundlicher fließen kann, 10. Jg., Herbst, 2010, S. 34-36.

Tesla (2013): inside evs; Tesla Battery In The Model S Costs "Less Than A Quarter" Of The Car In Most Cases; Zusammenfassung des Quartalsbericht; URL: http://insideevs.com/tesla-battery-in-the-model-s-costs-less-than-a-quarter-of-the-car-in-most-cases/; Stand: 2013

TH Nürnberg (2015): Fakultät Elektrotechnik Feinwerktechnik Informationstechnik; Maschinentypen; URL: www.th-nuernberg.de/seitenbaum/fakultaeten/elektrotechnik-feinwerktechnik-informationstechnik/forschungsaktivitaeten/projekte/antriebsregelung/maschinentypen/asynchronmaschine/page.html; Stand: 13.08.2015

TH Nürnberg a (2015): Fakultät Elektrotechnik Feinwerktechnik Informationstechnik; Optimale Betriebsführung einer fremderregten Synchronmaschine (FSM); URL: www.th-nuernberg.de/seitenbaum/fakultaeten/ elektrotechnik-feinwerktechnik-informationstechnik/forschungsaktivitaeten/projekte/antriebsregelung/laufende-projekte/page.html; Stand: 16.08.2015

TH Nürnberg b (2015): Fakultät Elektrotechnik Feinwerktechnik Informationstechnik; Antriebsregelung; URL: www.th-nuernberg.de/seitenbaum/fakultaeten/elektrotechnik-feinwerktechnik-informationstechnik/forschungsaktivitaeten/projekte/antriebsregelung/ page.html; Stand: 17.08.2015

Tschöke (2015): Tschöke, H.; Die Elektrifizierung des Antriebsstrangs – Basiswissen; Springer Vieweg; Wiesbaden; 2015

TU Berlin (2011): Institut für Energie und Automatisierungstechnik; Fachgebiet elektrische Antriebstechnik; Erhöhung der Leistungsdichte; URL: www.ea.tu-berlin.de/menue/forschung/projekte/erhoehung_der_leistungs dichte/; Stand: 21.11.2011

TU Berlin (2013): Institut für Energie und Automatisierungstechnik; Fachgebiet elektrische Antriebstechnik; Wirkungsgradoptimierung von PMSM für Hybridfahrzeuge; URL: www.ea.tu-berlin.de/menue/bachelor_und_masterarbeiten/wirkungsgradoptimierung_von_pmsm_fuer_hybridfahrzeuge/; Stand: 23.11.2011

TUM (2015): Technische Universität München; Klimatisierung näher am Menschen URL: www.tum.de/die-tum/aktuelles/pressemitteilungen/kurz/article/32329/; Stand: 09.04.2015

VDA (2015): Verband der Automobilindustrie; Neuer Europäischer Fahrzyklus (NEFZ); URL: www.vda.de/de/themen/umwelt-und-klima/nefz-und-wltp/nefz-und-wltp.html; Stand: 22.09.2015

VDI (2015):Verein Deutscher Ingenieure; Nachrichten; Artikel „Auch andere Hersteller haben Stickoxid-Schleudern"; Ausgabe vom 02.10.2015

VREI (2015): Verein Freier Ersatzteilemarkt e.V.; Mein Autolexikon - Antriebsstrang; URL: www.mein-autolexikon.de/antriebsstrang.html; Stand: 23.09.2015

VW (2014): Volkswagen AG; Technische Daten VW Golf VII; URL: www.volkswagen.de/de/markenwelt/verantwortung/Umweltpraedikate/Modelle_und_Technologien/golf/technische_daten.html; Stand: 12.11.2014

VW eGolf (2015): VW eGolf Preisliste - gültig für das Modelljahr 2016; Ausgabe 04.06.2015

VW eGolf b (2015): Der eGolf Katalog; Ausgabe: Mai 2015

VW e-up! (2015): Volkswagen AG; Blick ins eAuto; URL: http://emobility.volkswagen.de/de/de/private/Technologie/Blick_ins_eAuto.html; Stand: 01.09.2015

VW Golf (2015): VW Golf Preisliste - gültig für das Modelljahr 2016; Ausgabe 23.07.2015

VW-classic (2015): Volkswagen Classic - Golf I Limousine; URL: www.volkswagen-classic.de/modelle/golf-1-limousine; Stand: 20.06.2015

Welt (2014): online-Bericht; Wie sich Carbon im Auto fest etabliert; URL: www.welt.de/motor/article128914187/Wie-sich-Carbon-im-Auto-fest-etabliert.html; Stand: 10.06.2014

Wirtschaftslexikon (2015): Springer Gabler Verlag (Herausgeber), Gabler Wirtschaftslexikon, Stichwort: Projektion, URL: http://wirtschaftslexikon.gabler.de/Archiv/13156/projektion-v9.html; Stand: 05.08.2015

Zeit (2015): online-Bericht; Ladekabel adieu!; URL: www.zeit.de/mobilitaet/2014-11/alternative-antriebe-elektroautos-induktives-laden; Stand: 30.03.2015

Zeit.de (2014): online-Bericht; Die Physik setzt der Batterie Grenzen; URL: www.zeit.de/mobilitaet/2014-10/elektroauto-akku-wunderbatterie; Stand: 27.10.2014

Zeller (2012): Zeller, P.; Handbuch Fahrzeugakustik; Vieweg+Teubner – Springer Fachmedien Wiesbaden GmbH, Wiesbaden (2012)

Anhang

Anhang 1: Quantitive Werte der Zeitreihenanalyse VW Golf aus den Abbildungen 23 bis 31

	VW Golf Modell		I	II	III	IV	V	VI	VII	*VIII*	*IX*
	Bauzeit		1974-1983	1983-1992	1991-1997	1997-2003	2003-2008	2008-2012	2012-2017	*ab 2017*	*ab ca. 2022*
	ausgewählte Modellvariante		VW Golf 1, 1,6 Diesel, Limousine	1.6 TD Pasadena	1.9 TD, Joker, 4-Türer	VW Golf Basis 1,9 TDI	VW Golf 1.9 TDI Comfortline (DPF)	VW Golf 1.6 TDI Comfortline (DPF)	VW Golf 1.6 TDI BlueMotion Trendline (DPF)	*zukünftige Entwicklung ***	
Effektkriterien (in Potenzialanalyse verwendet)	Höchstgeschwindigkeit	[km/h]	143	160	165	188	187	189	200	*203*	*207*
	Beschleunigung (0-60 km/h) *	[s]	-	-	-	4,7	4,3	3,9	3,3	*3,0* *2,8*	*2,7* *2,4*
	Beschleunigung (0-100 km/h)	[s]	16,8	15	14,8	11,3	11,3	11,3	10,5	*9,9* *9,5*	*9,4* *8,6*
	max. Zuladung	[kg]	460	490	515	460	525	500	576	*548*	*559*
	Kofferraumvolumen normal *	[l]	320	336	320	320	350	350	380	*394*	*419*
	Kofferraumvolumen geklappt *	[l]	-	-	-	670	690	660	665	*662* *671*	*658* *671*
	Innengeräusch (bei 130 km/h) *	[dB(A)]	sehr hoch	-	-	vibrationsarr	69	69	67	*65*	*64*
	CO2 Emissionen	[g/km]	203	180	165	150	135	119	99	*85*	*65*
	Reichweite	[km]	677	786	902	1.058	1.222	1.310	1.316	*1.522* *1.330*	*1.673* *1.350*
	Verkaufspreis (Deutschland)	[EUR]	5.500	13.170	15.329	18.965	22.745	23.115	22.175	*23.300* *23.500*	*23.082* *24.000*
	Lebensdauer	[a]			1.960 7,9	1.995 11,8	2.005 12,6	2.006 12,7	2.014 18,0	*18,3*	*20,7*
	Abhängigkeit Temp. zur Fahrleistung										
	Sicherheit										
	Betankungsdauer normal	[min]									
	Betankungsdauer schnell	[min]									
ergänzende techn. Details	Treibstoff		Diesel	Diesel	Diesel	Diesel	Diesel	Diesel	Diesel		
	Leistung	[PS]	54	70	75	100	105	105	110		
		[kW]	40	51	55	74	77	77	81		
	Leergewicht	[kg]	820	940	1.090	1.340	1.365	1.370	1.295		
	Tankinhalt	[l]	44	55	55	55	55	55	50		
	Verbrauch	[l/100km]	6,5	7	6,1	5,2	4,5	4,2	3,8		

* ADAC-Testergebnis
** oberer Wert: Prognose gemäß Regressionsgleichung
unterer Wert: Projektion

Datenbasis: VW-classic (2015), autoplenum (2015), autobild (2009), autobild (2004), autokatalog (2015), amus (2014), VW (2014), ADAC (2003), ADAC (2008), ADAC (2009), ADAC (2013)

Anhang 2: Quantitativer Vergleich (zu den Abbildungen 9 und 10) der Effektkriterien VW Golf VII und VW eGolf, bessere Werte unterstrichen; eigene Darstellung nach Datenbasis: VW Golf (2015), VW eGolf b (2015), ADAC (2013), Statista (2014)

	2015 VW Golf VII	2015 VW eGolf	Einheit
Reichweite	*1.316*	*160*	km
Reichweitenreduzierung im Winter	*10%*	*50%*	%
Betankungsdauer normal	*2*	*480*	min
Betankungsdauer schnell	*2*	*60*	min
Verkaufspreis (Deutschland)	*22.175*	*34.900*	EUR
V_{max}	*200*	*140*	km/h
Lebensdauer (Deutschland, alle Automarken)	18	*8*	a
Beschleunigung (0-60 km/h)	*3,3*	*4*	s
Beschleunigung (0-100 km/h)	*10,5*	*10,4*	s
maximale Zuladung	*576*	*440*	kg
Kofferraumvolumen normal	*380*	*341*	l
Kofferraumvolumen geklappt	*665*	*665*	l
Innengeräusch (bei 130 km/h)	*67*	*65,2*	dB
Sicherheit	*gut*	*gut*	
CO2 Emissionen (Tank-to-Wheel)	*99*	*0*	g/km

Printed in the United States
By Bookmasters